ÉCOSYSTÈME

DU MÊME AUTEUR AUX ÉDITIONS INTERVALLES

Hôtel International, 2015

ISBN : 978-2-36956-051-7

RACHEL VANIER

ÉCOSYSTÈME

ÉDITIONS INTERVALLES

À Camille

SOMMAIRE

LE RÉVEIL

"Being an entrepreneur is sexy...
for those who haven't done it."[1]
Mark Suster, entrepreneur et investisseur

Marianne pose ses mains de part et d'autre du lavabo et tente de retenir les derniers relents des mauvais mojitos de la veille ainsi que l'avant-goût de crise d'angoisse du matin qui s'entremêlent dans son estomac. Elle regarde autour d'elle dans l'espoir de trouver un remède à la gueule de bois et aux responsabilités d'adulte, mais dans la mesure où elle se tient dans la salle de bains d'un amant rencontré quelques heures plus tôt, célibataire et artiste-amateur-de-bio-et-de-commerce-équitable de surcroît, elle n'est pas dans les meilleures conditions. « Putains de mecs zens, pas foutus d'avoir un peu de Xanax », se dit-elle. Elle ne parvient qu'à dégoter du dentifrice : à défaut d'être de bonne humeur, elle aura bonne haleine.

1. « Être entrepreneur peut paraître sexy... pour ceux qui ne s'y sont jamais risqué. »

Elle prend une grande inspiration mentholée et rallume son téléphone.

Jeudi 17 mars, 7h47. Les neuf appels en absence, quatorze messages WhatsApp et trois invitations à jouer à Candy Crush sont toujours là, à lui adresser leurs clignotements accusateurs. Comme tous les matins, elle s'était réveillée avec son iPhone vibrant dans la main, prête à consulter l'ensemble des notifications reçues pendant la nuit, les gros titres des blogs « nouvelles technologies » qu'elle lit avec avidité, et surtout, la totalité des news des réseaux sociaux, des fois qu'elle aurait raté la dernière vidéo virale d'un chat qui fait du skateboard.

Ce matin-là, en plus de son plus fidèle partenaire – son téléphone – elle s'était retrouvée aux côtés de Tristan, dont le dos, lui, vibrait doucement au rythme de ses ronflements. Et si le lit dans lequel elle s'était réveillée lui était inhabituel, le nombre d'appels manqués de Charles, un des associés avec qui elle avait monté sa boîte, était carrément inquiétant. « Marianne, faut qu'on parle. Et avant notre rendez-vous de ce matin. Retrouve-moi au bureau à 8h STP. Je préviens Lucas », lui avait-il écrit, suivi d'une série de « Tu as bien reçu mon message ? » et de « Qu'est-ce que tu fous ? Je suis en chemin. Lucas arrive ».

Au moment où Marianne se débarbouille dans la salle de bains de son nouvel amant, Lucas, l'autre cofondateur de la boîte, est déjà assis en face de Charles, dans leur coworking partagé avec d'autres start-up inexpérimentées et balbutiantes semblables à la leur. Charles ne veut pas évoquer en l'absence de Marianne la raison pour laquelle il les a convoqués, alors il se tient là, assis, à tapoter sur le clavier de son ordinateur.

Le regard grave et préoccupé qu'arbore Charles exaspère Lucas. D'ailleurs, la plupart des regards qu'arbore Charles l'exaspèrent. Charles a tout pour plaire; autrement dit pour

Lucas, tout pour se faire baffer. Très bon développeur informatique, ses compétences techniques sont largement reconnues dans le milieu start-up parisien et lui valent au moins autant de reconnaissance que son diplôme d'école d'ingénieurs prestigieuse. Mais contrairement à tous ceux qui brillent par leurs lignes de code, comme Lucas, Charles a un côté jovial et sociable, fait souvent preuve d'humour et se montre à l'aise en public ; Lucas ne sait pas si c'est dû à son passage à HEC ou s'il a toujours été comme ça, mais Charles maîtrise à la perfection les deux casquettes. Ingénieur geek quand il le faut, parfait petit commercial à d'autres moments. Le maillot d'un groupe de hard rock sous son polo pastel, un pantalon à pinces, mais des vieilles baskets aux pieds. Lucas a toujours méprisé ce genre de mecs extravertis et volubiles, à moitié par jalousie et à moitié avec raison : la prétention de Charles est proportionnelle aux milliers d'euros qu'ont coûté ses grandes écoles. Lorsque Marianne avait convaincu Lucas de laisser Charles rejoindre leur projet, elle avait bien concédé sa pédanterie et son assurance excessive ; mais hypnotisée par la possibilité de faire grandir son équipe avec un développeur doublé d'un diplômé de HEC, elle avait passé outre ses défauts et s'était appliquée à convaincre son associé historique que Charles le déchargerait d'une grande partie de son travail. Comme toujours, Lucas s'était rallié à l'avis de Marianne.

Pendant qu'il l'attend, il n'ose craindre le pire. Il sait que dans moins d'une heure, elle et Charles ont rendez-vous avec un leveur de fonds qui, s'ils réussissent à le convaincre, leur présentera des investisseurs qui pourront assurer au trio d'associés un confort financier d'au moins quelques mois. Si Marianne et Charles se disputent juste avant, c'est toute leur force de conviction qui va s'évanouir. La dernière fois qu'ils se sont engueulés, ils ne sont pas passés loin de la catastrophe. Charles avait parlé à Marianne d'une application mobile toute récente qui faisait la une des médias « nouvelles technologies » à ce moment-là.

— C'est une appli qui te permet de partager ta liste de courses, noter ce dont tu vas avoir besoin en cuisine pour la semaine, ce genre de trucs, avait-il commencé. Tu peux la télécharger pour regarder l'expérience utilisateur ? Moi j'arrive pas à me faire une idée, ça m'évoque pas grand-chose, alors que toi...

— Moi quoi ? avait répondu Marianne, les yeux toujours rivés sur ses tableurs Excel.

— Ha ha, non enfin, le prends pas mal, mais vu que t'es une nana, je me dis que t'as peut-être plus l'habitude de ce genre de trucs.

Marianne avait levé un sourcil sceptique au-dessus de l'écran de son Mac.

— Tu sais, c'est pas parce que je suis une femme que j'ai spécialement plus le temps que toi de me faire à bouffer. Puis elle s'était replongée dans son travail, préférant clore aussi sec une conversation qui s'apprêtait à mal tourner.

Mais Charles avait renchéri.

— Ouais t'as raison, je vais demander à Cécile, c'est plus une femme... *femme*.

Là, Marianne avait tout à fait levé la tête de son ordinateur.

— Ça veut dire quoi, « c'est plus une femme *femme* » ?

— Ben quoi, ça va, tu sais très bien ce que je veux dire. T'es pas hyper *féminine*, comme nana.

— Nan, je vois pas ce que tu veux dire.

— Ah mais je dis pas du tout ça pour critiquer, Marianne, au contraire, je trouve ça génial. T'es une femme mais t'es forte, tu te laisses pas faire, quoi.

— Parce que les «femmes *femmes*» sont pas fortes et se laissent marcher sur les pieds ? Tu crois que je me laisse pousser les poils sous les bras et que ça me donne des super pouvoirs ?

— Allez, Marianne, fais pas ta féministe : t'es perpétuellement en jean et en baskets, tu bois plus de bière que moi, tu le sais bien que tu joues pas vraiment dans la cour des bimbos.

— Certes, non, mais je vois toujours pas le rapport avec le fait de tester une application.

— Oh ça va, tu peux pas à la fois te la jouer «femme indépendante qui cuisine jamais» et «femme féminine»!

Lucas s'était tassé sur sa chaise, craignant de se retrouver sur la trajectoire des objets qui, il en était sûr, n'allaient pas tarder à traverser la pièce. Eu égard aux yeux écarquillés de Marianne, il avait eu peur qu'elle explose. Mais elle avait gardé son calme et répondu :

— Je ne sais pas dans quel siècle tu vis, Charles, mais il s'avère que *si*, on peut mettre du rouge à lèvres et être patronne de boîte *en même temps*. Et que je sois féminine à tes yeux ou pas, figure-toi que j'ai autre chose à foutre qu'écouter tes banalités archaïques car je suis la fondatrice de notre entreprise, je te rappelle. Alors si tu veux mon opinion sur cette nouvelle appli, je suis ravie de te la donner, je peux te dire ce que je pense de son marché cible, de ses métriques de croissance ou des fonds d'investissement auprès desquels l'équipe s'est financée. Par contre, désolée, mais j'ai pas de recettes de cuisine.

Marianne avait ensuite laissé Charles gérer seul un rendez-vous, arguant que s'il était si viril et puissant, il pourrait se démerder. Bien entendu, il ne savait rien du partenariat potentiel dont il était question, puisque Marianne contrôlait toute cette partie de l'activité, et il avait fait capoter l'opportunité. Ils s'étaient ensuite renvoyé mutuellement la responsabilité de l'échec, lui la traitant d'hystérique, elle d'incapable. Quant à Lucas, il concédait que la faute était partagée mais s'était rangé aux côtés de Marianne, en partie par solidarité « historique » – après tout, c'était *eux,* le duo de fondateurs initial – en partie parce qu'il ne pouvait pas encadrer la gueule bien peignée de Charles. Ce jour-là, Lucas avait senti que Marianne avait rejoint son camp, celui des « anti-Charles » – ce n'était pas forcément bon pour la cohésion de l'équipe, mais après tout, ils formaient une association entrepreneuriale, pas un club de pétanque.

Aujourd'hui plus que jamais, il doute de la viabilité de leur trio. Il a flairé le coup fourré dans l'attitude faussement sombre de Charles depuis ce matin. Il n'avait pas répondu à ses questions hier sur le *chat.* Il le laissait sans nouvelles des dernières mises en production. Lucas espère que son ton grave n'est qu'une des nouvelles postures qu'il aime adopter quand il sent qu'il doit *une fois de plus* attirer l'attention sur lui. Tandis qu'il attend Marianne, il commence à réaliser ce que le départ de Charles impliquerait. Il serait débarrassé de lui, mais à quel prix ? Il a beau avoir une attitude détestable, il compte au moins pour 50 % du travail technique abattu ; il est reconnu dans le milieu, il a des contacts dans la Silicon Valley. Même dans leur écrin de pédanterie, les idées qu'il avance sont souvent bonnes.

« Marianne, il faut qu'on parle » : voilà qui ne laisse rien présager de bon. En tant qu'entrepreneur, la vie de Marianne est une suite ininterrompue de cataclysmes de formes et d'intensités diverses. Si elle trouve un bug dans son application, c'est un mini cataclysme. Si un client insatisfait décide de résilier son abonnement, c'est un petit cataclysme. Si on lui refuse une subvention ou un prêt bancaire, on entre dans la sphère du cataclysme moyen. Ce qui fait tenir Marianne, c'est la perspective de faire face à toutes ces catastrophes *ensemble*. Or, le «il faut qu'on parle» matinal de Charles, qui plus est précédant un rendez-vous d'une importance fondamentale pour la santé financière de leur entreprise, ça pue la rupture. Le départ d'un de ses associés, c'est le plus haut niveau de l'échelle de Richter des cataclysmes «business», dont elle n'a entendu parler que sous forme de légendes effrayantes. Et quand ces fables commencent par le départ d'un des associés, elles finissent toujours par la faillite honteuse des entreprises concernées, dans des affres de liquidation et des larmes de licenciements économiques.

Une main toujours agrippée au lavabo, l'autre à son téléphone, Marianne tente de déceler dans les virgules et les points de suspension de Charles des indices qui infirmeraient sa crainte. Pendant quelques secondes, elle se rassure en se convainquant qu'il ne s'agit là que d'une tendance un peu trop poussée à la théâtralité de son associé qui, si ça se trouve, doit juste leur annoncer qu'il est devenu végétarien ou qu'il se fiance avec une de ses groupies blondes. Mais la certitude effroyable que ces explications ne tiennent pas la route s'impose rapidement. Marianne fait plusieurs fois le tour de la minuscule salle de bains, se tient le front, puis la taille ; elle a chaud et froid ; elle manque d'air. Elle préférerait nettement rester là pour toujours, en culotte, à angoisser dans la salle de bains d'un quasi-inconnu, avec pour seul compagnon un tube de dentifrice, plutôt que d'affronter la réalité qui l'attend. Elle va se faire *corporate*-larguer.

LA RENCONTRE

"Aerodynamically the bumblebee shouldn't be able to fly, but the bumblebee doesn't know that so it goes on flying anyway."[2]
Mary Kay Ash, fondatrice de Mary Kay Cosmetics

7h54. Marianne, toujours debout dans la salle de bains de Tristan, ne se rappelle pas l'endroit exact où elle se trouve dans Paris, mais se doute bien qu'elle mettra plus de six minutes pour rejoindre son bureau. Elle envoie à Charles et Lucas un mensonger « Un peu en retard, là dans 15 min », se passe un peu d'eau sur le visage et sort de son habitacle de porcelaine blanche. Tristan s'affaire derrière le bar de sa cuisine américaine pour préparer le petit déjeuner. « Je dois filer, urgence de boulot », lui dit Marianne en avalant une gorgée de café.

— Quoi ? Mais je m'apprêtais à te concocter ma fameuse recette de croissants au chocolat fondant !

2. « Du point de vue aérodynamique, le bourdon ne devrait pas pouvoir voler, mais le bourdon ne le sait pas, alors il vole. »

— Désolée, entrepreneur sur le point de faire des millions, tu te rappelles ? plaisante Marianne, en se pointant du doigt.

— OK, OK, j'espère que tu noteras tout de même mon attitude de gentleman.

— C'est bien noté.

Tristan et Marianne s'étaient rencontrés à un évènement « start-up », un énième concours de « pitch » où des dizaines de jeunes pousses de l'entrepreneuriat venaient présenter la manière dont ils comptaient conquérir le monde en dix pages de PowerPoint et trois minutes de phrases chocs, devant un parterre qu'on leur promettait plein d'investisseurs et de journalistes, en réalité souvent composé d'une écrasante majorité d'autres entrepreneurs prêts à en découdre.

Pour Marianne, ce genre d'évènements faisait partie du quotidien, elle et Charles en étaient bons clients : c'était une femme fondatrice de start-up, sa présence aidait donc grandement les organisateurs à atteindre, si ce n'est la parité, du moins un quota tolérable de femmes sur scène. Lui était bon orateur pour un informaticien ingénieur. Tous ces concours de pitch n'aidaient pas franchement la start-up de Marianne et Lucas à décoller, mais Charles avait développé la théorie du « *Take it all in* », qui consistait à ne rien refuser, du concours à l'article en passant par le rendez-vous à l'aveugle, arguant que « la plupart des opportunités ne se présentent pas, elles se provoquent ». Le gros lot pour les gagnants de ce type de concours dépassait rarement la reconnaissance d'un public ennuyé, éventuellement le droit de participer à un *autre* concours de start-up, dans une *autre* ville européenne (transport et hébergement restant à la charge de l'heureux lauréat). Mais parfois, des entrepreneurs chanceux pouvaient récupérer quelques milliers d'euros exonérés d'impôts, voire, comble du succès, un article dans la presse spécialisée.

La tache dans ce décor, c'était Tristan : simple musicien plutôt que créateur de start-up « MusicTech », il était venu pour voir concourir un de ses amis entrepreneurs qui lui avait promis, en échange, un open bar bien garni. Tristan s'était retrouvé seul à siroter des cocktails infâmes, des mojitos en poudre et daiquiris effervescents qu'une jeune entreprise essayait péniblement de mettre sur le marché à coups de sponsoring évènementiel. Il ne s'était cependant pas laissé abattre : il avait repéré, sur la scène, une jolie start-upeuse aux cheveux blonds/châtains, dont on devinait les courbes généreuses derrière le logo de sa boîte placardé sur sa poitrine. Flottant dans un pull à capuche trop grand et une assurance qui lui paraissait feinte, on aurait dit qu'elle essayait d'imiter sa grande sœur. Il avait été instantanément charmé par cette fille, debout et fière devant une audience de mâles peu attentifs et bourrés de préjugés, et par sa persévérance à prendre un air confiant et sûr d'elle, alors qu'elle luttait visiblement contre sa hantise de la prise de parole en public.

Il se tenait à côté d'un jeune entrepreneur aux cheveux épars, qu'il avait entendu prononcer la phrase : « Pour l'instant on est en *stealth mode*. On a assez peu de *churn* de nos *beta-testeurs*, mais on est clairement un *nice-to-have* et pas un *must-have*, c'est le *product-market-fit* qui va être *challenging* » – à laquelle il n'avait rien compris et l'avait vu se tourner vers Marianne et lui dire :

— C'était pas mal, votre pitch.

Marianne s'était retournée, un sourire hypocrite aux lèvres.

— Ah, merci.

— Si je peux me permettre un commentaire toutefois...

Marianne avait tout de suite senti le coup fourré. Ceux qui se permettent de venir critiquer la prestation des autres, de but en blanc, sans autre forme d'introduction, et qui plus est en utilisant le mot *toutefois*, ne sont en général pas les meilleurs alliés de ce genre de soirées. Marianne les fuyait comme la peste, mais en bonne *networkeuse*, elle savait aussi prendre son mal en patience quand elle se retrouvait coincée avec un spécimen. Elle avait donc attrapé d'une main un sachet de poudre-mojito, au cas où, et ne voyant aucune porte de sortie, avait répondu :

— Euh, ouais ?

— Vous auriez pu expliquer un peu plus votre *vision*. Ça manquait de *vision*.

Marianne, interloquée, avait laissé quelques secondes de silence s'installer entre elle et son rapace, qui avait dû prendre son absence de réaction pour un encouragement à développer son point de vue :

— Tu vois, moi, je reviens de S.F., enfin pardon, de San Francisco, et j'ai entendu beaucoup d'entrepreneurs raconter leurs parcours, leurs projets. Ce qui est vraiment *amazing*, c'est à quel point ils parviennent à t'emmener avec eux dans leur vision à long terme, la manière dont leur produit va révolutionner les usages, la brique qu'ils vont apporter au monde, tu vois. Celui qui m'a le plus bluffé, c'est Anshu Darshem, le CEO de Zoxy. Quand tu lui demandes ce qu'il fait, sa première phrase, vraiment, avant tout autre commentaire, c'est : « *We're on a mission to change the world* ». Là au moins, les bases sont posées, t'as qu'une envie, c'est d'entendre la suite !

— Attends, était intervenue Marianne, Zoxy c'est pas l'outil qui balance toutes les pubs en pop-ups sur les sites internet ?

— Si, bien sûr.

— … C'est lui qui te dit qu'il change le monde ? Avec ses pop-ups ?

— Oui, pourquoi, tu confonds avec une autre start-up ?

— Non, pour rien.

— Bon, ben Anshu, en seulement deux ans d'existence, il a récolté une quantité de données phénoménale sur les consommateurs, ce qui lui permet d'améliorer considérablement les algorithmes de suggestion de…

C'est à ce moment-là que Tristan avait décidé de faire son entrée. Visiblement, son interlocuteur gobait naïvement le sourire hypocrite de Marianne, mais lui n'était pas dupe, et voyait bien le désespoir au fond de son regard. Il s'était donc faufilé habilement entre son parasite et elle et avait versé de l'eau pétillante sur la poudre de mojito de son verre, en prétendant qu'ils étaient bons amis.

— Tu ne te rends même pas compte à quel point tu viens de me sauver la vie, avait dit Marianne à son nouveau héros, une fois que son parasite avait déguerpi. Je te proposerais bien un verre gratuit, mais c'est dégueulasse.

— Mais de rien ! Tu as l'air de le déguster comme du petit lait pourtant, ce mojito, lui avait-il répondu.

— Tu vas comprendre, lui avait-elle rétorqué en pointant du menton la scène prête à accueillir le gagnant du concours, ou plutôt la gagnante, tout sourire. Elle est sur scène, pas moi. Toute forme d'alcool est la bienvenue, même celle-là.

— Je n'y connais pas grand-chose mais d'après mes infos, ce n'est pas le dernier évènement de ce type pour la saison, je me trompe ?

— Tu n'as pas tort, espérons au moins que la prochaine fois, on aura des cocktails dignes de ce nom !

La mâchoire carrée, les yeux bruns profonds et la carrure athlétique de Tristan avaient vite fait oublier à Marianne l'échec qu'elle venait d'essuyer au concours de pitch – Charles avait disparu depuis longtemps et Lucas n'était pas venu, comme d'habitude.

Autour de trop nombreux mojitos en poudre, ils avaient continué de papoter, ignorant tous les docteurs ès conseils business. Elle s'était laissé séduire, consciente que son statut de femme entrepreneur faisait forte impression à une bonne partie de la gent masculine. Il n'y avait pas que ça, bien sûr : Marianne n'était pas désagréable à regarder. Bien qu'elle ait longtemps eu l'air d'un garçon manqué et que, comme l'avait noté Charles, elle ne s'aventurait que rarement hors du combo jean / vieux pull, elle avait ce que la plupart de ses connaissances désignent communément comme un « joli minois ».

Au-delà, elle considérait être de taille et de carrure moyennes, avoir de trop grandes épaules, des fesses pas tout à fait rebondies, des cheveux pas vraiment soyeux, un nez un poil trop petit. Mais un joli minois dans un monde d'hommes et de machines passe rarement inaperçu, même après les années 2000. Côté personnalité, elle incarnait le versant féminin des idéaux de l'entrepreneuriat : une énorme capacité de travail, une propension à affirmer ses idées avec fermeté, assez peu de considération pour les éléments futiles de l'existence comme la mode ou la vie de famille, et l'envie de croquer la vie à pleines dents. En somme, on disait de Marianne qu'elle avait beaucoup de caractère. On allait peut-être assez vite en besogne à la juger car elle ne rechignait jamais à balancer un gros mot et qu'elle avait la descente d'un camionneur lorsqu'il s'agissait de boire des bières. Dire des grossièretés donne du crédit aux femmes, semble-t-il. Comme si un « enculé » bien placé valait acte d'émancipation féminine.

Passé un certain seuil d'alcoolémie, Marianne avait abandonné l'idée d'aller se coucher, peut-être un peu parce qu'elle était captivée par Tristan, peut-être un peu parce que l'échec du soir avait constitué un coup trop fort asséné à son moral. Ils avaient navigué de bar en bar, se racontant leurs vies respectives. Tristan était un musicien « reconverti ». Comme Marianne, il avait fait une grande école de commerce; comme elle, il avait commencé une brillante carrière dans le conseil en stratégie sitôt sorti de l'école. Comme elle, il avait brusquement cessé de suivre cette voie toute tracée pour se consacrer à sa passion. La sienne était la musique, celle de Marianne était l'entrepreneuriat. Son salaire, comme celui de Marianne, avait été réduit du tiers, et il avait déménagé dans un petit studio. Il l'avait invitée à prendre un dernier verre.

Elle s'était autorisée à calculer l'optimisation de son utilisation de Tristan : elle perdrait certes quelques heures de sommeil, mais il était important pour son équilibre physiologique de secréter les hormones qui stimuleraient sa créativité et sa productivité.

LA RUPTURE

"Option A is not available.
*So let's kick the sh** out of Option B."*[3]
Sheryl Sandberg, Directrice des opérations à Facebook

Quand Marianne arrive enfin au bureau, tous se dirigent silencieusement vers la salle de réunion. Dans l'intervalle du trajet entre leur petite table de travail à 250 € par mois (imprimante et internet haut débit compris) et la salle partagée par la dizaine de start-up de l'espace de coworking, Lucas a le temps d'imaginer que Charles va leur parler d'une nouvelle technologie révolutionnaire, de sa volonté de déménager la société à Hong Kong, voire qu'il souhaite reverser la moitié de leur maigre chiffre d'affaires aux orphelins et aux nécessiteux pour soigner leur image de marque. Mais le verdict tombe :

---

3. « L'option A n'est pas disponible. Faisons un p*tain de carton avec l'Option B. »

— Écoutez, je ne vais pas tourner autour du pot, je pense qu'on peut être adultes et parler de ça calmement. J'ai pris la décision de quitter le projet, énonce Charles.

Un long silence s'installe entre les trois associés. Charles n'est pas du genre à se laisser démonter par un silence pesant, et comme regonflé par l'onde de choc produite par son annonce, il continue :

— Je sais qu'on a un rendez-vous dans une heure, mais justement, je ne pouvais pas jouer la comédie une fois de plus. Écoutez, je pense qu'on a tous compris hier soir où était le problème. Nos désaccords sont trop profonds sur la stratégie de croissance à moyen et long termes. Je tiens à préciser dès maintenant que j'ai été très honoré de rejoindre ce projet en lequel j'ai fondé beaucoup d'espoirs ; vous le savez, j'y ai donné beaucoup de moi-même. Mais je pense qu'il faut savoir distinguer la persistance de l'acharnement, quand on est entrepreneur.

Marianne et Lucas, toujours interloqués, parviennent à balbutier :

— Mais... quels désaccords ? Quand est-ce qu'on n'a pas été à l'écoute de ton opinion ?

— Enfin, ce que je dis ne peut pas vous surprendre. Marianne, tu étais là hier soir, tu as bien vu.

Lucas se sent écarté de la conversation – il n'était pas là hier soir, il n'était pas là non plus tous les autres soirs. Évidemment il recevait des opinions extérieures sur leur société, lui aussi, mais comme elles venaient quasiment exclusivement des utilisateurs qui reportaient des bugs et des problèmes techniques liés à l'utilisation de leur produit, il se disait toujours que ça ne pouvait pas être un reflet fidèle de la situation, qu'il y avait forcément autre chose qui fonctionnait correctement. Il reconnaît dans la posture de

Charles celle du prétendu adulte responsable qui ne fait que pointer du doigt les problèmes que tout le monde refuse de voir, et dans celle de Marianne celle de la Cocotte-Minute au bord de l'implosion.

— Alors, Charles, dit-elle d'une voix calme mais dont le ton trahit la rage, il faut que je te dise : tu n'y es pas du tout. On a tous les trois un pouvoir de décision rigoureusement proportionnel à nos parts dans le capital de la boîte, alors si tu as un problème avec nous, il va falloir nous l'expliquer avec un peu plus d'honnêteté.

Ce que Lucas redoutait est en train de se dérouler sous ses yeux. Effacé, discret, toujours dans l'ombre de Marianne, sa compréhension des jeux de pouvoir et des manigances entre ses deux associés était d'autant plus aiguë qu'il n'y prenait pas part. Ce qu'il savait de Marianne, c'est qu'elle considérait le débauchage de Charles comme son plus beau succès : qu'en plus d'étoffer la valeur de la société par l'apport de son travail, voire par son image, son sex appeal pour les investisseurs, il la rassurait. Il était la preuve vivante qu'elle avait en elle ce qu'il fallait pour diriger une entreprise. Ce qu'il savait de Charles, c'est qu'il passait le plus clair de son temps et de son énergie cérébrale à soigner les apparences de sa supériorité, que c'était le genre d'homme qui n'aime pas les attaques frontales et tombe dans le piège de l'agressivité même si celle-ci ne fait qu'affaiblir ses arguments et les discréditer.

— Mais Marianne, ouvre les yeux. Tu as entendu les commentaires sur notre pitch d'hier soir ? Les jurys ne prennent même plus de gants pour nous mettre en pièces.

— Ils... ils nous critiquent, c'est censé être *constructif.*

— C'est la même histoire à chaque fois qu'on pitche ! Nos métriques de croissance ne valent rien, on ne sort pas la tête de l'eau. Je vous en ai déjà parlé, mais vous ne voulez rien faire. Alors si vous avez une solution miracle, allez-y, mais moi, j'ai fait tout ce que je pouvais.

— Ah, parce qu'abandonner le navire c'est la bonne solution ? Tout ce qui compte pour toi, c'est ce que disent trois pauvres investisseurs qui n'ont rien de mieux à faire de leurs soirées que de venir mater des petits jeunes galérer à présenter leurs projets ? L'image que tu renvoies aux autres ne peut pas être la source de toutes tes décisions, Charles.

— Je ne vois pas le rapport.

— Le rapport, c'est que ce n'est pas une réaction d'entrepreneur. Un véritable entrepreneur, il entend les critiques, il endosse sa carapace, et il persiste, il bosse, et il prouve au monde entier qu'il avait raison. Ça s'appelle la *résilience.*

— Attends, mais c'est toi qui veux me donner des leçons d'entrepreneuriat ? Tu te fous de moi ? Je te signale que c'est toi qui mènes la barque ici. Comme tu nous l'as fait remarquer si souvent, c'est toi la CEO. Si on va dans le mur, faut que tu prennes tes responsabilités.

— Parce que tu crois que mon ambition dans la vie c'est de mener la boîte dans le mur ? Charles, je ne comprends plus, je croyais que tu avais rejoint le projet parce que tu y croyais. Quand tu es arrivé, on s'est mis d'accord : on est dans la galère ensemble, à parts égales. C'est peut-être *mon* projet à l'origine, mais tu es tout autant responsable que moi de la santé de la boîte.

— Eh bien je suis au regret de t'annoncer que ça a foiré. Voilà. Je ne me sens plus impliqué, et rétrospectivement, je pense que je ne me suis jamais senti autant impliqué que vous deux.

— Enfin un peu d'honnêteté ! En fait, tu nous as menés en bateau depuis le début.

— Mais pas du tout ! Regarde les choses en face : Lucas et toi vous vous connaissez depuis toujours, il dit amen à la moindre de tes sorties – désolé mec, dit-il en se tournant vers Lucas, pétrifié sur sa chaise, c'est pas contre toi.

— Pauvre chéri, on ne t'a pas fait assez de câlins, c'est ça ? On est ici pour faire du business, Charles, pas pour animer un club de poneys. Si tu n'étais pas capable de prendre tes responsabilités et de te comporter comme un adulte, il ne fallait pas nous faire croire que tu pouvais monter une boîte. On a affiché notre ambition dès le premier jour, quand on s'est rencontrés : c'est ça qui t'a fait venir, et c'est sur cette base qu'on a conclu notre *deal*.

— Merci, j'ai bien compris que ton ambition était de conquérir le monde, tu nous l'as suffisamment répété. Mais grande nouvelle, Marianne, il ne s'agit pas simplement de crier sur tous les toits qu'on a envie de monter une boîte à un milliard pour y arriver. L'idée, ça compte pour que dalle : c'est l'exécution qui change tout. Tu te rends compte que tu perds toute ta crédibilité dans l'écosystème à raconter à qui veut l'entendre qu'on va attaquer le marché américain dans trois mois alors qu'on a à peine de quoi payer les serveurs ? Nos stagiaires se barrent tous les uns après les autres, on n'arrive même pas à garder ceux qu'on paye correctement. Mais je les comprends : dès que tu entends Alessandro parler d'une nouvelle mode, tu changes la stratégie de la boîte. On ne peut pas te suivre, et la vérité, c'est que tu as une oreille complètement sélective : tu gobes les leçons que tu reçois sans aucun recul critique, et tu penses que tu les mets en pratique, mais en réalité, tu n'en fais qu'à ta tête !

— Mais tu entends ce que tu dis ? Premièrement, on est trois cofondateurs, donc s'il y a des problèmes d'exécution, comme tu dis, les torts sont partagés : je suis pas un despote.

Il me semble que tu es écouté en réunion, et que tu n'as pas passé les huit derniers mois à exécuter mes ordres sans broncher. Vous avez développé des branches entières du produit avec lesquelles je n'étais pas d'accord et je vous ai fait confiance.

Marianne se lève brusquement de sa chaise tandis que Lucas se tasse un peu plus au fond de la sienne, muet.

— Et par ailleurs, depuis quand c'est un problème d'avoir de l'ambition ? J'ai pas le droit de vouloir monter une boîte qui a du succès, c'est ça ? s'exclame Marianne, haussant le ton de quelques décibels.

— Il ne s'agit pas de vouloir, Marianne, mais de pouvoir. Je suis désolé de devoir te le dire aussi crûment, mais puisque tu m'y pousses : je suis venu avec toi aux rendez-vous avec les investisseurs, tes montages financiers ne marchent pas. Tes stratégies marketing tombent à plat. Tes relations presse ne donnent rien. Je sais bien qu'il faut savoir persister, mais quand tu fais tout ce que tu peux et que ça ne fonctionne pas, faut peut-être se rendre à l'évidence. Il y a aussi une part de talent dans l'entrepreneuriat...

— De talent ?! exulte Marianne. De talent ? Tu crois que j'apprends la trompette ou quoi ? Je rêve, je ne peux pas continuer cette conversation.

Marianne se rue hors de la salle de réunion en essayant, sans succès, de claquer la porte de verre, retenue par le système à air comprimé prévu à cet effet. Elle se retrouve au bout du couloir, en face des imprimantes – jamais utilisées puisque dans les start-up plus personne n'a recours au papier. Lucas a eu le temps de deviner ses yeux remplis de larmes avant qu'elle ne quitte la pièce. Il suppose que c'est la colère, parce qu'il n'a jamais vu Marianne pleurer. Elle est comme ça, Marianne, elle ne pleure jamais en public. Au contraire, elle avait méprisé toutes celles qui avaient pleuré en classe préparatoire pendant les colles de maths, et après s'être fait laminer en entretien d'embauche par les cabinets de conseil. Marianne se sent juste conne à être coincée là face aux imprimantes en veille depuis des semaines. Elle ne peut pas revenir à son bureau, s'asseoir tranquillement et reprendre sa journée de boulot – de toute façon son sac à main est resté dans la salle de réunion. Elle ne veut pas traverser tout l'open space dans cet état, susciter les rumeurs et devoir s'expliquer sur le départ de son associé. Et puis où irait-elle ? Faire un tour, boire un café ? Sans téléphone, sans argent, elle serait obligée de marcher dans Paris en ressassant la violente conversation pendant laquelle elle s'était fait traiter coup sur coup de mégère aux dents qui rayent le parquet et d'incapable.

Certainement mu par un vieil instinct chevaleresque, et par solidarité avec ceux qui n'abandonnent pas le navire, Lucas se sent obligé de défendre Marianne auprès de Charles. Il marmonne :

— Tu as peut-être un peu exagéré avec cette histoire de trompette. Euh, de talent.

Charles, gonflé par sa conversation houleuse avec Marianne, lâche toute sa bile sur Lucas.

— Elle méritait tout ce que j'ai dit, et toi aussi. Tu crois que tu vas aller où, à la suivre partout comme un toutou ? Dans le mur, avec elle, et tu ne pourras pas te plaindre de ne pas avoir été prévenu. Franchement Lucas, un développeur *full-stack* comme toi, qui maîtrise autant de technologies et qui a une expérience entrepreneuriale, même ratée, ça se paye cher chez Google. À Paris, ils ouvrent des projets d'intelligence artificielle, de *machine learning*, de *big data*. Rien de tout le *bullshit* que Marianne nous sert. Tu sais combien d'offres d'emploi je reçois par semaine ? De messages sur LinkedIn ? Y a des mecs qui viennent me chercher sur Stack Overflow tous les jours pour me proposer des jobs ! Et je devrais rester pour Marianne et son acolyte de toujours ? Dans Batman et Robin, y a de la place que pour le héros et son larbin. Après, ce qu'il reste comme rôle, c'est Alfred. Très peu pour moi, merci.

Charles rassemble les papiers qu'il avait étalés sur la table pour se donner une contenance, et sans prêter la moindre attention à Lucas, sort lui aussi en tentant de claquer la porte de verre, toujours aussi réfractaire.

Alors qu'elle entend le bruit de l'air comprimé de la porte qui se referme, Marianne se retourne et rejoint Lucas dans la salle de réunion. Ni l'un ni l'autre ne sait comment aborder le tsunami qui vient de ravager leur microscopique univers. Lucas se dit qu'il serait bien mieux dans le confort solitaire de son studio, et qu'à défaut de pouvoir tirer à la kalachnikov dans le sourire parfait de Charles, il pourrait tirer sur un avatar plus ou moins ressemblant dans une partie de Call of Duty. Marianne, à deux doigts d'agripper une chaise pour la balancer à travers la porte de verre résolument silencieuse, fouille nerveusement dans son sac à main à la recherche de la petite clé du placard individuel inclus dans le loyer de leur espace de coworking. Sésame en main, elle souffle à Lucas : « Je reviens », le laissant soulagé de ne pas avoir été sollicité pour s'exprimer sur la situation.

Sans juger nécessaire de revenir chercher Lucas, resté sagement assis en salle de réunion, Marianne se précipite à son bureau, ignorant consciencieusement les regards interrogateurs de ses voisins à qui les cris des deux associés n'ont pas échappé. Lucas hésite longuement entre rester bien caché dans la salle de réunion ou rejoindre Marianne pour déterminer quelle paperasse elle a jugé si urgent de traiter après un tel tsunami. S'apercevant qu'une cachette faite intégralement de verre n'en est pas vraiment une, il prend son courage à deux mains pour rejoindre Marianne.

— Qu'est-ce que tu fais ? demande Lucas.

Marianne ouvre frénétiquement des classeurs aux couleurs primaires, extrait quelques feuilles des pochettes, et les referme aussi sec.

— Je cherche le pacte d'actionnaires, répond Marianne.

Lucas participe timidement à la recherche du classeur bleu cyan, sans vraiment comprendre pourquoi Marianne cherche ce contrat avec tant d'empressement.

— Tiens, je l'ai trouvé.

— Ah, merci, dit-elle en l'ouvrant brusquement. *Gnagnagna*, merde : « Tout transfert d'actions est libre entre les parties. » Tu vas voir que ce connard va les revendre à un bouffon... Ah non, c'est bon : « Tous les fondateurs bénéficient d'un droit de préemption sur les actions au prix convenu entre les actionnaire » – ça veut dire quoi « convenu », merde ? *Gnagna*, « Le cédant doit notifier son projet de cession au dirigeant de la société par lettre recommandée » – ah ben notifie-moi bien, connard, tu vas voir comment je vais l'accueillir, ton recommandé.

— Ça veut dire quoi ça, Marianne ?

— Ça veut dire qu'on va devoir racheter les parts de Charles à la valorisation actuelle de la boîte.

— C'est-à-dire ?

— C'est-à-dire qu'il a chopé 30 % des parts de notre boîte en nous faisant l'immense honneur de nous rejoindre, cette enflure. Et qu'aujourd'hui, si on veut mettre ses compteurs à zéro, il faut qu'il nous cède les parts – sauf que vu sa bonne foi, je doute qu'il nous les fasse en soldes, tu vois.

— Mais on peut pas les lui racheter… euh, au prix de vente ? C'est-à-dire, rien du tout ?

— Entre-temps on a fait une augmentation de capital et on a développé toute la plate-forme technique. En gros, il sait très bien que la valeur de la boîte a augmenté… *grâce* à lui. S'il décide de nous faire chier, on est dans la merde.

— Marianne, moi j'ai déjà à peine de quoi payer mon loyer…

— Et moi, tu crois que je m'habille chez Saint Laurent ?

Lucas fait demi-tour, embarque son ordinateur portable sous le bras, enfonce son casque audio sur ses oreilles et part s'affaler sur un des poufs aux couleurs criardes disposés autour des huit machines à café, en signe de protestation.

— *Gnagnagna,* « sous réserve des dispositions… » *gnagna* « propriété intellectuelle ». Putain, y'a pas de clause de non-concurrence, maugrée Marianne.

Lorsque Charles avait officialisé leur collaboration, Marianne et Lucas avaient mis un point d'honneur à rédiger un pacte d'actionnaires. Tout leur entourage avait été unanime sur l'importance fondamentale de sécuriser ses arrières quand on crée une entreprise, et tous avaient étayé leur avertissement d'une anecdote dramatique. Il y avait celui qui avait refusé de revendre ses parts et fait capoter toutes les levées de fonds, envoyant l'entreprise à la faillite prématurée. Il y avait les couples d'entrepreneurs qui, ayant 50 % chacun, n'avaient jamais réussi à se mettre d'accord sur une décision capitale, et avaient fini par laisser mourir leur entreprise plutôt que d'accepter le compromis. Et bien sûr, il y avait l'exemple devenu célèbre de l'associé du fondateur de Facebook, qui, ayant refusé les orientations stratégiques de Mark Zuckerberg, s'était retrouvé, par une savante utilisation des procédés de dilution, en possession d'un même volume d'actions, mais pour une valeur virtuellement nulle.

Ils s'étaient félicités d'être trois fondateurs. Trois, c'était le nombre idéal – deux, ou quatre, c'était l'immobilisme assuré. Un seul, c'était la preuve de l'incapacité à convaincre *a minima* une personne du bien-fondé de son projet. Cinq, ça devenait la colonie de vacances. Être trois fondateurs c'était avoir coché au moins une case qui leur promettait le succès. Il y en avait peut-être des milliers d'autres à cocher, mais celle-là au moins, ils l'avaient. Et pour continuer d'être bien dans les clous, ils avaient rédigé un pacte d'actionnaires, grâce à un modèle trouvé sur internet et validé par un vague ami avocat qui n'y avait finalement jeté qu'un rapide coup d'œil.

Après avoir relu *in extenso* l'ensemble des documents légaux liant les trois associés, Marianne sort enfin la tête du tourbillon d'alinéas mêlés de répliques cinglantes de son ex-associé. Elle réalise, penaude, que le maigre arsenal juridique déployé pour se protéger contre l'adversité des relations entre cofondateurs ne change finalement rien au plus grand danger auquel sa start-up doit désormais faire face : la perte d'un de ses trois piliers. 30 % de force de travail en moins, des semaines de planning à retravailler, une image ternie auprès de tout l'écosystème. Qu'ils doivent ou pas racheter les parts de Charles à grands frais, Lucas et Marianne sont dans le rouge. Marianne regarde autour d'elle : les regards curieux ont disparu, tout le monde est rentré chez soi. Même Lucas est parti, sans lui dire au revoir. Il ne reste que quelques stagiaires pakistanais exploités par leurs employeurs qui vomissent des lignes de code à un volume industriel avant de rentrer en RER dans leurs chambres d'étudiant miteuses. Les lumières sont presque toutes éteintes et les machines à café sont en veille, signe que même les plus coriaces des entrepreneurs ont parfois le droit de rentrer chez eux.

L'ART DU PITCH

"I learned to always take on things I'd never done before. Growth and comfort do not coexist."[4]
Ginni Rometty, PDG d'IBM

Sans pouvoir dormir, Marianne se repasse le film de la soirée de la veille, pas ses ébats avec Tristan, mais le concours de pitch qui, manifestement, lui avait valu la fin de son association avec Charles. Le concours était organisé par son incubateur de start-up, la structure d'accompagnement qui suivait le business des associés, et au sein de laquelle ils louaient leur espace de coworking. Elle leur fournissait des ateliers d'apprentissage pour devenir le parfait petit entrepreneur, une ristourne sur l'espace de coworking où ils travaillaient avec leurs stagiaires, un label à caser dans la zone « À propos » de leur site web et une quantité d'évènements et de rencontres où pitcher, networker, bref, start-uper. Charles avait rejoint

4. « J'ai appris à toujours appréhender des choses que je n'avais jamais faites avant. La croissance et le confort ne vont pas ensemble. »

Marianne à la dernière minute, sirotant déjà un mojito en sachet. Marianne, que rien ne déstabilise sauf la perspective d'une intervention à l'oral, ne parvenait pas à se concentrer sur son discours.

Charles avait levé les yeux au ciel quand elle lui avait demandé s'ils pouvaient répéter encore une fois. Lui n'avait pas peur, il se déplaçait sur un podium avec autant de nonchalance que sur le quai du métro, mais faisait l'effet d'une reine de beauté. Si Marianne craignait de parler en public, dans l'intimité elle avait un don qu'elle maîtrisait très bien, celui de rallier son interlocuteur à sa cause. Avoir convaincu Charles de rejoindre le projet en était une illustration parfaite : elle était grâce à lui à la tête d'une start-up avec deux associés-fondateurs développeurs web. Elle avait préempté les denrées les plus rares du marché du travail, les ingénieurs informaticiens, et ce sans même leur offrir de salaire. Par sa seule force de conviction, elle avait réussi à constituer une équipe qui allait se démener jour et nuit pour mettre sur le marché un produit dont elle était à l'origine. Le jour où Charles avait accepté de faire partie de l'équipe, elle s'était sentie comme un riche héritier qui aurait épousé une bimbo. Charles était son trophée.

À trop avoir été mis sur un piédestal, Charles en avait pris la grosse tête – ou peut-être l'avait-il déjà ? Il s'était mis à critiquer chacune des décisions de Marianne, à l'exclure de toutes les discussions techniques, à balayer d'un revers de main les suggestions qu'elle pouvait faire sur le design, le produit ou ses interfaces, en faisant peser sur elle le regard accusateur des initiés sur les profanes. Marianne se consolait en constatant l'effet que produisait Charles sur le public des concours de start-up.

En attendant de monter sur scène, Marianne s'était dit qu'elle boirait bien un mojito, mais se ressaisit car elle n'avait pas besoin de handicap supplémentaire, on allait déjà la juger sur son business model, sur ses métriques de performance, sur ses perspectives de croissance et sur le design de son PowerPoint. Elle savait aussi qu'on allait la juger sur la forme de son T-shirt et la taille de son jean – heureusement, Marianne avait trouvé la parade : elle portait le pull à capuche à l'effigie de sa start-up, comme Charles. Son *hoodie*, c'était son uniforme, personne ne pouvait lui reprocher de gagner à coups de décolleté, puisqu'on ne le voyait pas. Elle ne pouvait pas non plus être accusée de faire garçon manqué, elle était simplement *corporate*. Marianne avait utilisé les quelques instants de mise en place, gestes machinaux à force d'entraînement, pour calmer ses tremblements : brancher l'ordinateur au vidéoprojecteur, passer son logiciel en mode diaporama, connecter la prise jack pour le son, tapoter sur le micro, saisir la télécommande. Et elle s'était lancée. Les dames d'abord.

— Bonjour, moi c'est Marianne.

— Salut, moi c'est Charles.

Exactement trois minutes plus tard, alors qu'elle descendait de l'estrade, Marianne avait croisé le regard d'Alessandro. Ce dernier lui avait adressé un sourire distrait, déjà absorbé par le prochain concourant. Alessandro était le directeur de leur incubateur. Sa connaissance aiguë du monde des start-up couplée à un ego au moins aussi large que son torse bedonnant, lui conféraient presque un statut de gourou dans le groupe d'apprentis-entrepreneurs dont faisaient partie Marianne et ses associés. Il haranguait les foules avec ses discours « inspirationnels » et ses leçons pratiques pour gagner en visibilité, en technique ou en cash, faisant preuve de la verve d'un homme politique. Lorsque Marianne était allée à ses premiers ateliers, elle avait été au moins autant fascinée par le contenu de ses leçons que par l'admiration qu'elle lisait dans les yeux du public pendu à ses lèvres.

Comme si elle avait posé la question de l'origine du messie, on l'avait regardée avec des yeux ronds la première fois qu'elle avait osé remettre en cause la légitimité de ses enseignements. Elle n'avait pas voulu critiquer, simplement, certaines de ses affirmations pouvaient paraître complètement contradictoires. Il répétait par exemple constamment: « Une start-up développe un produit qui *résout un problème.* » Ce n'était pas le cas de la start-up de Marianne, du moins pas dans la manière dont elle présentait les choses à ce moment-là – mais était-ce vraiment le cas de Facebook? Ou de Twitter? Désarçonnée par ces dissonances, Marianne avait voulu s'assurer que son sort était entre de bonnes mains.

S'il avait été en face d'elle lorsqu'elle avait émis ses réserves, il lui aurait probablement répondu que si elle n'était pas satisfaite de son apprentissage, elle était libre de partir. Son intransigeance était tout aussi caractéristique que sa connaissance approfondie de l'entrepreneuriat, ce qui lui valait d'être largement critiqué dans l'écosystème start-up parisien. Des mois plus tard, Marianne, convertie, était devenue sa plus fervente avocate lorsqu'elle entendait des questions soulevées sur son pedigree: « Alessandro ne s'est jamais revendiqué entrepreneur à succès. C'est parce qu'il a foiré plusieurs boîtes, parce qu'il a fait toutes les erreurs du monde qu'il est capable d'apprendre aux autres comment ne pas les reproduire. Quand tu l'as en face de toi, tu comprends que c'est un génie de la pédagogie, et qu'il a le feu sacré en lui. »

Alessandro plaisantait souvent, en présentant son parcours, sur le fait qu'il était né au mauvais endroit au mauvais moment. Élevé dans une petite ville non loin de Florence, en Toscane, son amour précoce pour internet et les nouvelles technologies détonnait complètement dans le décor fait de vestiges des collections des Médicis. Il racontait : « Vous vous rendez compte de la frustration ? Florence, c'est la quintessence de l'immobilisme : pour que le tourisme perdure, il ne faut surtout pas *changer* quoi que ce soit. Or moi, à onze ans déjà, je codais des sites web. Je harcelais ma mère pour qu'elle me donne de l'argent de poche et que je puisse me payer des serveurs, pas des bonbons ou des billes ! Je voulais devenir entrepreneur, elle voulait que je devienne architecte. Elle ne jurait que par Brunelleschi et Botticelli, moi je ne jurais que par Steve Jobs et Alan Turing ! »

Marianne avait compris en écoutant Alessandro d'où venait l'énergie débordante qu'il leur transmettait généreusement : il voulait prendre sa revanche sur son enfance. De même qu'il expliquait sans relâche : « Un entrepreneur naît d'une frustration », lui, Alessandro, mentor et gourou, était né de celle de ne pas avoir été baigné dans l'innovation dès son plus jeune âge, mais dans le souvenir d'un âge d'or vieux de cinq siècles.

Du fait de son appétit inassouvi à rattraper ces années, et bien sûr, de son italianité toute nourricière, il embrassait toutes les promotions de start-up avec une supervision parfois autoritaire, parfois clémente. Il leur scandait ses préceptes trente fois par semaine et leur préparait d'énormes plâtrées de *pasta* arrosées de chianti tous les week-ends. Il tempêtait contre les plus inefficaces et moquait cruellement ceux qui rechignaient à l'effort. Il se foutait éperdument des critiques sur sa radicalité, son ego surdimensionné ou sa jeunesse – il n'avait pas trente ans. Il ne prenait même pas la peine de se justifier : il avait commencé à treize ans ce que d'autres, Marianne la première, n'avaient envisagé qu'à vingt-cinq. Prendre la peine de le rappeler, ç'aurait été avouer que cela le touchait, or Alessandro était fait du même marbre que son héritage toscan.

Marianne n'avait jamais réellement réussi à déterminer si Alessandro l'aimait bien. Il n'avait jamais vraiment été méchant avec elle, ni avec l'un de ses associés, mais son soutien et son admiration étaient pour le moins intermittents. Il arrivait qu'il leur adresse un grand bravo devant toute la promo pour un accomplissement qui, du point de vue de Marianne, semblait assez mince. À l'inverse, quand elle prenait son courage à deux mains pour lui demander son avis sur un sujet bien plus important, ou quand elle lui annonçait une bonne nouvelle, il lui arrivait de lui répondre à demi-mot, sans quitter des yeux l'écran de son ordinateur, lui faisant comprendre en substance qu'elle n'avait qu'à se démerder toute seule. Sa sortie de scène avec Charles s'inscrivait dans le deuxième cas de figure, et au lieu d'avoir les yeux rivés sur son ordinateur, il avait les yeux rivés sur le participant suivant.

Au moment où Marianne avait réalisé que si Alessandro était présent à ce concours de pitch, ce n'était certainement pas pour venir l'admirer elle, mais sa compétitrice, son ascenseur à confiance en soi était redescendu de quelques étages. La CEO sur scène avait attaqué fort : « Nous sommes les Uber du pressing », avant d'enchaîner par une anecdote personnelle : « J'ai commencé mon job et je me suis rendu compte que je ne rentrais jamais à temps pour aller chercher mes tailleurs », puis de faire un détour par la stratégie de mise sur le marché :

« On a voulu tester notre idée, alors on a mis en ligne une page web qui expliquait l'offre qu'on voulait construire ; on a reçu des centaines de requêtes avant même d'avoir codé notre produit ! »

C'était comme entendre les leçons d'Alessandro parfaitement mises en pratique par les premiers de la classe de l'école des start-up.

Leçon n° 1 : la fameuse technique du « X du Y », où X peut être Uber, Airbnb, Spotify ou tout autre grand succès start-up, et Y le marché auquel on s'adresse, résumé en un seul mot. Facile à retenir, marquant bien le parallèle entre son idée et un potentiel de plusieurs milliards de dollars, c'est une technique qui fonctionne dans un nombre étonnamment grand de cas. On ne compte plus les Airbnb des animaux de compagnie, les Uber des livraisons de cupcakes ou les Spotify des bilans comptables. En y réfléchissant bien, à peu près n'importe quel produit ou service peut se réclamer de l'héritage d'un géant du web et de la technologie – qu'on l'offre par abonnement, par livraison ou entre particuliers, s'il s'agit d'une place de marché ou d'une plate-forme de mise en relation, il y a toujours un grand nom à associer à son potentiel succès.

Leçon n° 2 : raconter le problème résolu par sa boîte sous la forme d'une frustration vécue personnellement – « Et si vous ne l'avez pas connue, inventez-la ! », précise Alessandro. Tout doit donner l'impression que la frustration est le leitmotiv numéro 1 de l'entrepreneur, la seule motivation valable pour tout lâcher et investir temps, argent, carrière et vie personnelle dans un projet d'entreprise. L'entrepreneur, le vrai, ne se satisfait pas de la manière dont va le monde, ce qui fait de lui, intrinsèquement, le moteur du changement. À défaut d'être de cette trempe-là, il suffit de bien savoir inventer sa frustration – ce n'est finalement pas si grave, tant qu'on sait gérer une boîte. Ceux qui ont besoin de belles histoires, ce sont les autres : les investisseurs, les journalistes, les stagiaires. Les initiés savent se méfier de ces belles histoires ; derrière le conte de fées moderne, il y a bien souvent un étudiant en école de commerce un peu malin qui a su voir dans un modèle de business américain une belle opportunité pour le marché français et qui se contente de le recopier trait pour trait.

Leçon n° 3 : tester son idée avant d'engager toute dépense, en se créant rapidement un site web des plus sommaires, juste pour voir si le e-consommateur lambda clique, quitte à faire croire abusivement que le produit est disponible. Pendant les cours prodigués par Alessandro, un curieux s'était exclamé : « Mais on a le droit de faire ça ? » Ce à quoi Alessandro avait répondu d'une phrase choc en anglais, comme il en connaissait tant : « *Don't ask for permission, ask for forgiveness.* »[5]

Marianne savait que la start-up en question n'avait probablement rien à voir avec Uber, que sa fondatrice n'avait probablement jamais mis les pieds dans un pressing avant de lancer son business et qu'elle s'était probablement plantée trois fois, à grands frais, avant de lancer son service sous sa forme actuelle, mais elle n'en était pas moins admirative. Comme le reste de la salle, qui avait bu les paroles de la speakerine et s'était empressé de les tweeter frénétiquement.

Après seulement deux minutes de pitch, Marianne en était à son deuxième mojito en poudre. Charles, lui, avait disparu depuis longtemps avec ses amis développeurs « cool ». Ce soir-là, Marianne avait cru qu'il avait voulu lui montrer qu'il se contre-foutait du résultat et insister sur le fait qu'il était là

5. « Ne demandez pas l'autorisation, demandez pardon. »

pour l'aider, elle. Aujourd'hui, elle comprend qu'il avait peut-être déjà pris sa décision de les trahir.

L'animateur avait annoncé le podium des vainqueurs après les félicitations et remerciements de sponsors d'usage. À la troisième place, un réseau social « ultra innovant ». La deuxième place n'avait pas non plus été pour Marianne et ses associés. À ce moment, elle avait su que c'était foutu pour eux, parce que la première place, elle l'avait senti dès qu'elle avait vu le regard d'Alessandro : elle était pour le Airbnb des chemises ou le Pinterest des petites culottes, elle ne savait plus exactement. La CEO au pitch impeccable était venue récupérer son dû sur scène sous un tonnerre d'applaudissements.

LE SOUVENIR

"Be nice to geeks, you'll probably end up working for one."[6]
Bill Gates, fondateur de Microsoft

De son côté de Paris, Lucas avait passé la soirée dans sa piaule sentant le renfermé et le ventilateur de tour de serveurs, et avait suivi les pitches sur l'écran de son Mac. Pour ne pas en perdre une miette, il n'avait eu que l'embarras du choix : il avait suivi sur un réseau social toutes les phrases chocs prononcées par les orateurs, reçu sur un autre des photos de piètre qualité, affublées d'emojis et de hashtags, regardé sur un troisième la diffusion vidéo en direct depuis son téléphone. Il n'allait pas à ce genre d'évènements car il considérait que c'était une perte de temps et que, pour lui, ces précieuses heures étaient nettement mieux mises à profit à coder. Mais à chaque concours, *meetup* et autre apéro de networking qu'il ratait, il ne pouvait s'empêcher de vivre par procuration

6. « Soyez sympas avec les geeks. Vous finirez probablement par travailler pour l'un d'entre eux. »

l'excitation de ses associés. Il avait codé mollement pendant que son téléphone HTC vibrait des notifications incessantes des différents canaux de communication qu'il avait priorisés pour la soirée. Il avait surveillé l'ensemble de son activité sur son moniteur principal, divisé en deux écrans géants savamment installés en équilibre à vingt-quatre centimètres au-dessus de son bureau ; une distance qu'il avait calculée en fonction du niveau de son regard, de l'espace entre son clavier et le mur du fond, et de l'écart entre le sol et le fond de sa chaise.

Dans le confort de son petit studio, Lucas avait été d'autant plus admiratif de ses associés qu'il ne se sentait absolument pas capable d'accomplir la moindre prestation orale. Pourtant, ça n'était pas faute d'avoir assisté aux cours d'Alessandro. « Vous verrez, c'est pas compliqué », répétait inlassablement Alessandro en leur montrant des vidéos de Steve Jobs, en leur parlant du talent de Jean Jaurès – Alessandro aimait bien mélanger les références –, mais face à un public composé majoritairement de programmeurs web et d'ingénieurs en informatique, le chemin paraissait trop long à parcourir. On n'apprenait pas à s'exprimer à l'oral en école d'informatique, et pas tellement plus en école d'ingénieurs.

« Vous verrez, c'est pas compliqué », avait donc tenté de les rassurer Alessandro, comme il le faisait au début de chaque atelier qu'il conduisait au sein de l'incubateur. Comment lever des fonds, recruter, faire des relations presse, lancer son plan marketing ou encore trouver son équilibre pro-perso, rien n'était compliqué d'après lui. Quand Lucas l'entendait, il se demandait bien pourquoi il fallait organiser tant d'ateliers si c'était si peu compliqué. Faire communiquer des API en temps réel, construire une application en asynchrone ou encore *refactorer* un système de logs, ça, ce n'était pas si compliqué. S'adresser à un investisseur ou négocier un salaire avec un employé lui semblaient des obstacles insurmontables qu'il était bien content de déléguer à Charles et Marianne. Quant à son équilibre pro-perso, ça faisait bien longtemps qu'il avait fait la paix avec l'idée que sa vie privée serait sa boîte, et vice versa.

« Une start-up, leur avait dit Alessandro, c'est une entreprise à la recherche d'un business model *scalable.* » La première fois que Lucas l'avait entendu prononcer cette phrase, qui lui avait ensuite été assénée quasi quotidiennement, il avait rougi de honte tant il n'avait pas la moindre idée de ce que *scalable* signifiait. Prononcé « scâlâble », à la française, et répété par tous ses camarades de promo. Parce qu'une start-up devait être « scâlâble », elle devait prouver qu'elle avait une stratégie de croissance « scâlâble », et c'était le cœur, le nœud, le climax d'un pitch, la seule chose que les investisseurs considèreraient – mais de quoi il s'agissait, Lucas n'en avait pas la moindre idée. Après plusieurs heures d'incompréhension – mais d'assurance feinte – un camarade de promo avait fini par poser la question de la signification exacte du mot *scalable,* non sans engendrer des ricanements hautains dans l'auditoire. Après des heures entières d'angoisse, Lucas avait enfin appris qu'il s'agissait en fait du mot anglais *scalable* – prononcé « skeylèbeul » – soit « capable de multiplier sa croissance très rapidement, en absorbant le choc » : à ressources équivalentes, des revenus toujours en croissance, et en cas d'augmentation des ressources, une croissance d'autant plus hyperbolique. En comparaison avec Charles et Marianne, Lucas se sentait à la traîne – il ne manquait pas de curiosité, il baignait depuis suffisamment longtemps dans les blogs de code et d'entrepreneuriat pour maîtriser deux ou trois concepts, mais il ne pouvait pas s'empêcher de penser que ses associés partaient avec une longueur d'avance : la longueur de leur diplôme d'école de commerce.

Devant les discours d'Alessandro, Lucas se sentait aussi démuni qu'il l'avait été en cours de littérature au lycée, ou lorsqu'il s'était agi d'appréhender la gent féminine ; et s'il aimait la liberté de l'entrepreneur, il était parfaitement satisfait de laisser à Marianne le soin d'appliquer les leçons d'Alessandro et de se charger, lui, des lignes de code. Ce *statu quo* permettait à Lucas de se complaire dans le confort de la solitude et la chaleur de la compagnie des ordinateurs.

Il s'était senti à l'aise avec les machines dès le plus jeune âge, et son empathie robotique ne s'était pas arrangée depuis. Lucas avait commencé à programmer sur sa calculatrice ; il ne se souvenait plus à quel âge, et ses parents syndicalistes n'avaient pas pour habitude de se rappeler au bon souvenir du « petit scotché à sa calculette » aux repas de famille, préférant parler des manifs et de l'engagement politique de ses cousins. Probablement qu'il avait commencé dès qu'il avait appris à compter, et c'était arrivé nettement plus tôt que pour la moyenne.

Quant à sa vie sociale, elle était née de la volonté éducative de fer de ses parents. Dans un idéal de partage teinté de communautarisme, ils l'avaient envoyé en colo, en centre aéré et l'avaient inscrit au solfège et aux cours de fanfare. Lucas, chétif et asocial, avait hurlé, pleuré et tapé du pied pour y échapper, mais les relents hippies de ses parents n'avaient d'égal que la fermeté de leurs convictions pédagogiques. Ce n'est que lorsqu'ils avaient divorcé que Lucas avait été libéré de ses obligations communautaires, l'un et l'autre des parents se renvoyant la balle de la responsabilité de la sociabilité de leur fils.

En réalité, c'était certainement grâce à la fermeté des parents de Lucas que lui et Marianne avaient tissé des liens d'amitié si forts étant enfants. Ils avaient été voisins pendant les années où le niveau du regard est plus proche des pâquerettes que des panneaux publicitaires, où une relation forte entre deux personnes de sexe opposé peut se nouer autour d'un simple échange de billes. Il lui avait appris à faire du vélo sans les roulettes, elle lui avait ouvert les yeux sur l'optimisation des transactions de dents de lait avec la petite souris. Pour des raisons de divergences d'opinions politiques et sociales de leurs parents, Marianne et Lucas n'allaient pas dans la même école. Ils n'avaient aucun ami en commun, ni frères et sœurs. Il s'était créé entre eux un lien très fort, principalement fondé sur le divertissement mutuel, et restreint à certains soirs de la semaine et au week-end. Le reste du temps, Marianne et Lucas vivaient leurs vies chacun de son côté, sans se préoccuper de savoir ce qu'il advenait de l'autre, puisqu'il serait toujours là pour ouvrir la porte et démarrer une partie de badminton le samedi suivant. Cette amitié intermittente et indépendante, relativement similaire à celle qui les liait aujourd'hui, avait duré toute leur enfance, jusqu'à la préadolescence. À onze ans, Lucas avait troqué les billes pour les jeux vidéo et les premiers ordinateurs de bureau. Marianne avait longtemps hésité avant de rejoindre le camp de celles qui s'amusent avec leurs cheveux et leurs ongles plutôt qu'avec des jouets, et elle était ravie, le dimanche, de pouvoir monter et démonter des unités centrales de PC avec Lucas.

L'oncle de Lucas stockait dans son appartement familial tout un tas de machines plus ou moins modernes, et avait donné à son neveu la licence de les démonter et remonter à loisir, ayant pleine confiance en la capacité d'un enfant à remettre en place une carte mère et tous ses composants, nettoyés de surcroît. Il n'avait pas complètement tort : Lucas s'amusait tout autant à tester des cartes graphiques, rajouter des *slots* de mémoire vive et optimiser la ventilation pour booster ses machines qu'il s'était amusé à fabriquer des constructions en Lego quelques années plus tôt. Parfois, il démontait complètement une tour et lançait le défi à Marianne de la remonter intégralement en un temps record. Il parvenait à ressusciter les vieilleries de son oncle juste pour le plaisir d'allumer Windows 3.1 ou lancer Pinball Machine. Il mettait en réseau plusieurs ordinateurs disposés dans différentes pièces de l'appartement, uniquement pour pouvoir transférer des fichiers ; sa mère se plaignait sans cesse des câbles qui traversaient son intérieur aux parfums d'encens croulant sous les piles de *Libération* poussiéreux. Pour obtenir de son fils qu'il lui laisse enfin arranger ses tapis à sa guise, elle avait cédé à l'achat d'une connexion internet à plus haut débit à grands frais, et Lucas s'était plongé dans le web en oubliant complètement ses cartes mères. À ce moment-là, Marianne s'était enfin laissée convertir aux « trucs de filles », un peu par lassitude de se faire traiter de garçon manqué, un peu par curiosité grandissante pour le sexe masculin. Et soudainement, Lucas avait déménagé. Il faut croire que les câbles dans l'appartement n'étaient pas la seule chose qui dérangeait sa mère dans son intérieur ; son mari ne lui convenait plus non plus. En seulement quelques semaines, elle avait embarqué tapis, valises et fils sous son bras, et Marianne et Lucas s'étaient quittés sans même se promettre de s'écrire.

Quinze ans plus tard, ils s'étaient retrouvés par hasard dans la foule d'un festival de musique, au milieu d'une immense étendue d'herbe et de centaines de personnes, la nuit, alors que l'un et l'autre avaient déjà plusieurs bières sans bulles à leur actif. Leurs regards s'étaient croisés, et ils étaient restés scotchés, abasourdis. Ils hésitaient : était-ce bien possible que cet autre disparu dont ils avaient quasiment oublié l'existence, à tel point qu'ils en étaient venus à se demander s'ils ne s'étaient pas créé une amitié imaginaire, se tienne en face d'eux, un verre en plastique à la main et un bracelet fluo autour du poignet ? Pourtant, l'un et l'autre avaient les traits qu'ils auraient dû avoir avec quinze ans de plus, sans aucun doute. Lucas était en chemin pour la section hard rock du festival, Marianne pour le DJ set electro-pop – ils n'auraient pas dû se croiser mais l'un, pour une fois convaincu par ses vieux potes d'école d'assister à un concert, avait eu besoin d'aller se chercher une autre bière pendant que l'autre, peu familière de l'electro, encore moins en festival, se dirigeait vers les petits coins. Ils avaient fini la soirée bras dessus, bras dessous, à chanter au concert de reggae, et étaient restés en contact. Les jours suivants, se rendant bien compte que l'amitié enfantine qui les avaient liés des années plus tôt ne suffirait pas à créer un nouveau souffle dans leur relation – après quelques banalités sur leurs familles respectives, ils n'avaient en général plus rien à se dire –, ils s'étaient contentés de se contacter par intermittence. Petit à petit, au fil des partages sur Facebook d'actualité start-up de Marianne et d'articles sur la programmation tweetés par Lucas, ils avaient fini par s'accorder sur une relation amicalo-professionelle, et quand Marianne avait décidé de sauter le pas, c'est assez naturellement que Lucas l'avait suivie. Il avait passé suffisamment d'heures à envier, sur les forums de geeks, les récits de vie de ses confrères développeurs qui se sentaient épanouis, valorisés, en pleine possession de leur créativité, et la confiance en soi gonflée de se savoir en train de créer un produit qui changerait réellement la vie de leurs utilisateurs. Il en avait même enregistré dans ses favoris de navigateurs le témoignage d'un parfait inconnu :

Posté le 13/04. Username : DarkLord84.

Ma start-up a un an aujourd'hui. Les statuts que j'ai déposés au greffe datent du 13 avril dernier et dans l'intervalle, j'ai l'impression d'avoir changé huit fois de vie. Le 12 avril, je n'étais qu'un mec ordinaire, avec un job ordinaire et un petit projet bidouillé le soir et le week-end, et le lendemain, tout avait changé. Je suis passé du banal à l'extraordinaire.

J'ai créé un produit qui permet aux grosses sociétés de valoriser les talents de leurs salariés pour les faire évoluer en interne, le tout fondé sur des algorithmes de traitement de données. Mon équipe et moi avons résolu le problème auquel nous avons tous un jour fait face : la sensation d'être peu valorisé et peu reconnu en entreprise.

En un an, ma boîte est passée de zéro à plusieurs centaines de milliers d'euros de chiffre d'affaires. J'ai trouvé des investisseurs qui ont placé dans mon produit non seulement leur argent, mais aussi la confiance que je saurai porter mon business et mon équipe encore plus loin. J'ai créé de l'emploi, de la valeur et suscité des vocations.

Bien sûr, j'ai aussi passé de longues semaines à galérer sur un bug, à compter les derniers euros en banque, à manquer de fermer boutique d'un jour à l'autre. On ne peut pas accomplir de grandes choses sans surmonter de grandes épreuves. Mais rétrospectivement, les nuits d'angoisse ne me semblent rien au regard du chemin accompli.

Grâce aux innovations entrepreneuriales, on peut aujourd'hui commander une voiture ou un repas en un clic, on peut faire pousser des fraises bio à Paris, on peut réduire sa consommation énergétique d'un tiers rien qu'avec son téléphone. Bientôt Pôle emploi ou la guérison du cancer seront rendus plus efficaces grâce à des gens comme moi : des gens normaux, sans histoire, sans prétention, qui n'ont à leur portée qu'un ordinateur et un peu d'imagination.

J'ai longtemps cherché l'analogie qui se rapprochait le plus de ce mélange de sensation d'effort prolongé et de satisfaction de conquête, de réalisation et de liberté. On pourrait dire que j'ai gravi des montagnes, que j'ai vaincu des colosses, que j'ai résolu des énigmes, que j'ai gagné le prix Nobel. Mais en réalité c'est tout ça à la fois et c'est autre chose. Réussir à monter sa boîte, quel que soit l'objectif que l'on se fixe : se faire racheter par Google ou atteindre l'équilibre financier, c'est le nouvel étalon. Ce sont les alpinistes, les combattants, les prétendants au Nobel qui devraient se dire : « C'est presque comme être entrepreneur ! »

Certaines des phrases de DarkLord84 résonnaient encore dans la tête de Lucas. C'était un peu lui – ou elle ? – qui l'avait convaincu de se lancer, ça et la force de conviction de Marianne. Un tout petit déclic, peut-être dérisoire mais qui avait servi de déclencheur d'un processus longuement mûri.

Aujourd'hui, quand les camarades de classe de l'école de commerce de Marianne se lancent dans l'entrepreneuriat sans la moindre compétence, ils lui demandent l'air envieux : « Comment t'as fait, toi, pour trouver ton associé technique ? », elle gonfle la poitrine et répond, fière comme un paon : « C'est un ami d'enfance. »

LES STAGIAIRES

"If you can't feed a team with two pizzas, it's too large."[7]
Jeff Bezos, fondateur d'Amazon

Le lendemain du départ de Charles, Marianne se sent dans un état post-apocalyptique. Elle doit cependant endosser son armure de femme forte pour ne pas faire perdre le moral à son équipe, à ses investisseurs et un peu aussi à elle-même. Pour compenser les efforts colossaux qu'elle s'apprête à mettre en œuvre, elle achète pour son petit déjeuner, dégusté sur la ligne 3 du métro, un paquet de Kinder. Elle liste mentalement toutes les choses à faire et gobe un à un les chocolats crémeux. En guise de cotte de mailles, elle invente une pirouette habile pour expliquer le départ de Charles à ses stagiaires. Les longues inspirations qu'elle prend pour faire diminuer son rythme cardiaque deviennent son plastron. Elle réprime les tremblements de ses genoux dans des jambières imaginaires

7. « Si vous ne pouvez pas nourrir les membres de votre équipe avec deux pizzas, c'est qu'ils sont trop nombreux. »

et fixe sur son visage un sourire plein de dents qui lui servira de heaume. Ainsi lestée à l'extérieur par une carapace qui la rend presque immobile, et à l'intérieur par les 500 grammes de chocolat qu'elle vient d'ingurgiter, elle a l'impression d'avoir plus de contenance.

De l'autre côté de la ville, sur la ligne 7, Lucas ne change pas un seul détail à son rituel quotidien. Il petit déjeune d'un bol de Frosties pendant qu'il consulte la page d'accueil de Hacker News, le site de référence pour tous les programmeurs qui liste tous les articles et nouvelles applications du moment. Les titres – probablement incompréhensibles pour la plupart des êtres humains – défilent sous ses yeux: intelligence artificielle, *machine learning, deep learning,* super ordinateurs, objets connectés. Charles n'avait pas complètement tort, Lucas admet qu'il rêverait de travailler sur ces technologies plutôt que de coder des systèmes de notification et d'adapter des interfaces à Safari et Firefox. Mais maintenant que Charles est parti et qu'il n'y a plus que lui, «*full-stack* développeur», tout-terrain et touche-à-tout, il n'a plus aucun moyen d'échapper aux tâches, même les plus pénibles, comme réparer le wi-fi ou installer les mises à jour sur l'ordinateur de Marianne. «Comme quand on était gosses», se dit Lucas, que ce souvenir fait sourire.

Arrivé à la station de métro Sentier, il lit un pseudo-tag écrit maladroitement au marqueur sur le panneau de la station. Ça donne «Silicon Sentier» – les start-upers ont tellement envahi le quartier qu'ils en viennent à taguer les murs de références à leur eldorado californien. Les alentours de la bouche de métro avaient pris ce surnom avant même la première bulle internet, quand le quartier était encore pittoresque avec ses maisons closes et ses synagogues ; aujourd'hui, des torrents de putes chinoises sont prostrées devant les Monoprix à la recherche de touristes égarés, et des armées de CRS sont postées devant les édifices religieux en prévision d'attentats terroristes. Malgré l'effondrement de l'industrie technologique dans les années 2000, le quartier est resté la terre d'accueil des start-up, qui sont revenues aujourd'hui s'installer dans les locaux bradés par leurs prédécesseurs. La première vague de « stars » de l'entrepreneuriat français du web est aujourd'hui à la tête d'empires, et investit dans les nouvelles pépites qui peuplent le quartier. C'est la nouvelle vague, qui a misé sur l'économie collaborative et les objets connectés, qui prend le relais et fait bouillonner le Silicon Sentier, et à laquelle Marianne et Lucas ont bien envie de prendre part.

Lucas sort rapidement son téléphone pour prendre en photo ce présage heureux pour l'avenir technologique de la capitale, et l'envoie à Marianne sur WhatsApp. Elle n'a visiblement pas encore la tête à rire, car elle répond un simple : « lol ». Sans commentaire, sans image amusante, sans gif animé, le lol tombe comme un couperet.

Lucas arrive à l'espace de coworking qu'ils occupent, salue d'un hochement de tête les développeurs des start-up voisines – les autres membres des équipes ne remarquent pas son passage – et va s'installer à son bureau. Aujourd'hui, les stagiaires sont là. Hier ils n'y étaient pas, ils ne viendront peut-être pas demain – Lucas ne sait jamais vraiment quand ils sont censés être présents. À vrai dire, il ne sait pas non plus qui ils sont ; il a longtemps cru que l'actuel stagiaire en marketing était le même individu que le précédent à avoir occupé le même poste, à savoir le stagiaire en *community management*. Il a continué de l'appeler Tim, sans que personne ne le contredise, alors que le pauvre stagiaire s'appelait en fait Alex. Ou peut-être Axel. Lucas ne s'occupe pas vraiment des stagiaires, même quand c'est lui qui les recrute pour la partie programmation. À ceux-là, il file des tâches très précises récapitulées dans un calendrier de développement partagé, dont il peut suivre la progression : de « staging » à « test » puis à « prod ». Ils communiquent entre eux par *chat*, et échangent rarement plus que quelques banalités opérationnelles à l'oral. « T'as pushé sur quel serveur ? », lance parfois un stagiaire avant de faire une boulette. Lucas ne se préoccupe pas vraiment de leurs rôles dans l'équipe, pas plus que de leur recrutement. Il est convaincu que, la plupart du temps, Marianne les recrute soit pour rentabiliser le prix exorbitant de leurs tables pliantes, soit carrément pour se rassurer. Au début, il faisait un peu semblant de s'intéresser à leurs fonctions – à défaut de se sentir capable de leur transmettre quelque connaissance que ce soit. Et puis, à force de rencontrer des stagiaires « Visibilité online », « Growth Hacking » ou « Marketing cross-canal », fonctions auxquelles il ne comprenait goutte, il avait laissé tomber. Au début, Marianne lui demandait même de rajouter leurs profils – comment pouvaient-ils avoir un « profil », ils avaient dix-sept ans ! – sur la page « Équipe » de leur site web. Mais après trois ou quatre mois, l'intégralité des stagiaires avait déjà changé, et Lucas avait simplement décidé d'autorité de ne pas leur faire l'honneur de les mentionner. À intervalles réguliers, il cédait aux demandes de Marianne qui tentait de le convaincre d'en recruter un pour le décharger d'un peu de son travail. Charles prenait à son compte l'écrasante majorité du travail de management, et lui se contentait de recevoir le code fourni par ses stagiaires, de corriger les erreurs machinalement, comme il l'aurait fait avec n'importe qui, stagiaire, freelance, président de la République – il se foutait de qui avait codé ; pour lui, le code ne faisait pas de discrimination.

D'après ce qu'avait pu voir Lucas dans son espace de coworking et chez les start-up amies, les armées de stagiaires étaient légion dans le milieu. Ils arrivaient en général par vagues chaque mois de janvier, juin et septembre ; selon l'état d'avancement du business et les financements, les start-up recrutant soit des grappes entières d'étudiants en écoles de commerce à qui elles filent des téléphones portables avec casque et micro et demandent de faire signer un maximum de clients chaque jour, soit un ou deux élèves d'écoles d'informatique, voire pour les plus chanceuses d'écoles d'ingénieurs, qu'elles ont séduit à coup d'indemnités exorbitantes et d'horaires de travail flexibles. Les développeurs sont traités comme des rois, les commerciaux comme des chiens. Personne ne comprend ce que les programmeurs font de leurs journées, et tout le monde ne comprend que trop bien ce que les commerciaux tentent de vendre à leurs prospects au téléphone.

Lucas n'avait pas la moindre idée de l'endroit où Marianne avait recruté leurs stagiaires. À leur âge, Lucas avait encore l'illusion que le job de rêve, pour un informaticien, était à la Direction des systèmes d'information d'un grand groupe. Il pensait que chez EDF, il aurait un bon salaire, une bonne ligne sur son CV, et avec un peu de bol, le droit de faire joujou avec du nucléaire. Il s'était rapidement rendu compte qu'il ne ferait que maintenir des applications lourdes et peu flexibles datant de l'âge de pierre, et que ses rapports avec la chaîne de décision pour effectuer le moindre changement requerrait la patience d'un sage hindou. Derrière son indifférence et son incapacité à retenir leurs prénoms, Lucas envie un peu ces stagiaires – eux ont si vite compris que la vie, la vraie, se passait en start-up, pas à La Défense. Ils n'ont pas perdu quatre ans de leur vie à errer dans les couloirs d'une tour gigantesque, à la cantine d'une corporation, ou à ouvrir des plans d'épargne retraite. Mais face aux aléas et aux coups durs de la vie d'une si jeune et fragile entreprise, sauront-ils réagir avec philosophie ? Pour se consoler du départ de Charles, Lucas se dit qu'il a toujours une bonne partie du capital de la boîte, son nom sur la porte, et un je-ne-sais-quoi de niaque qui le pousse à rester, convaincu que son projet va révolutionner la planète – au moins en partie. Lucas n'a pas vraiment envie que les stagiaires s'en aillent, même s'il ne sait pas comment ils s'appellent. Il s'est habitué à leur présence. De façon générale, Lucas n'aime pas trop quand les choses changent – un comble pour un développeur féru d'innovation. Au fond, ce que craint Lucas, c'est peut-être que faute de personnel, Marianne décide de rompre leur bail et d'installer le reste de son équipe – lui, donc – dans son petit studio.

Marianne arrive au bureau en saluant tout le monde d'un sourire radieux, marchant d'un pas pressé et dynamique, l'apparence impeccable et le regard assuré. Elle ponctue son entrée d'un grand : « Salut les stagios ! » – auquel les stagiaires répondent d'un rire poli, elle fait la même blague un jour sur deux. « Lucas, on se parle deux minutes ? », lance-t-elle sans même prendre le temps de laisser Lucas répondre, avant de se diriger vers la salle de réunion.

— Bon, plan d'attaque pour survivre au départ de Charles ?

— Euh, c'est une question ? demande Lucas, comme un enfant sur le point de se faire engueuler.

— Je sais pas, en fait. J'ai débroussaillé le juridique cette nuit, et la relation investisseurs dans le métro. Je vais escalader une montagne de merde administrative. Le Massif central de la merde. Non : le Kilimandjaro des excréments bureaucratiques. Niveau produit, la *roadmap* ressemble à quoi ?

— J'ai pas les détails... Enfin, le calcul est pas très compliqué : 2 personnes à temps plein moins 1 personne égale 2 fois plus de taf pour celui qui reste.

— Et, hmm, ne prends pas mal ma question mais : tu sauras reprendre les chantiers de Charles ?

— Oui, Marianne, on bosse pas en silos chez nous, on n'est pas à la DSI de la SNCF – je sais faire ce qu'il fait et vice versa.

— Ouais, enfin on s'en branle pas mal du vice versa. Il a pas gardé de codes d'accès ? La base de données est sécurisée ?

— J'ai commencé à sécuriser cette nuit, je vais continuer aujourd'hui. J'ai pas l'impression que son intention ait été de faire de l'espionnage industriel ou de faire crasher un projet sur lequel il s'est démené pendant des mois... Mais c'est sûr que ne pas lui hurler dessus en claquant la porte aurait aidé à s'assurer un départ plus serein.

— Je rêve, tu vas pas le défendre ? Tu crois que je vais lui lécher le cul en le remerciant de nous avoir accordé son temps précieux ?

— Non Marianne, mais y a une nuance... J'ai cru que la porte en verre ne résisterait pas à ton départ en furie.

— Qu'est-ce que tu veux, je veux bien serrer les fesses, mais quand je suis énervée, je suis énervée.

— Bref. La *roadmap*, je t'envoie ça dans la journée. Il va se passer quoi avec les investisseurs... et tout ça ?

Lucas ne suivait que de très loin les négociations que Marianne menait d'une main de fer quant à la répartition du capital, la valorisation de la boîte et les marges de manœuvre des uns et des autres. Ils avaient négocié une forme de contrat de confiance entre eux deux, tout au début de leur collaboration, afin qu'il ne se retrouve pas dans la situation redoutée de tous les cofondateurs, notamment depuis le blockbuster qu'était devenue l'histoire de la création de Facebook : des parts diluées, un statut oublié, un rôle effacé. Marianne savait qu'au moindre soupçon, elle pouvait dire adieu à son CTO. Toute l'amitié qui pouvait les lier n'était pas aussi forte que cette forme d'équilibre de la terreur qui maintenait une égalité parfaite entre eux.

— Il va se passer que je vais les appeler, en espérant que cette petite enflure de vomi ne l'ait pas déjà fait, et leur expliquer la situation, à savoir que c'est la meilleure nouvelle de l'année et qu'on va pouvoir se concentrer sur ce qui importe : finaliser nos fonctionnalités clés et enfin commencer la croissance. Pour ce qui est des parts, ben c'est pour nous. On se gave.

— Et pour les stagiaires ? Alex... euh... Rémi ?

— Jeremy et Stéphane, rien à voir. Y en a un autre qui arrive la semaine prochaine, Sélim.

— Pour faire quoi ?

— Recherches, finances, business plan, ce genre de choses ; tu vois ?

— Hmm hmm, répond Lucas sans voir du tout.

— ...

— Bon, et sinon, pour les stagiaires ?

— Quoi, les stagiaires ?

— Ben, je sais pas, il faudrait peut-être les prévenir que Charles est parti, non ?

— Ah, tu te soucies des stagiaires, toi, maintenant ? relève Marianne l'air amusé.

— Je veux juste dire que ça va faire un choc. Il faudrait peut-être, je sais pas, moi, trouver une idée pour ressouder un peu l'équipe.

— Ah, oui, pourquoi pas, mais tu proposes quoi ?

— J'en sais rien moi, aller faire de l'accrobranche, imprimer des T-shirts, les trucs habituels quoi !

— Pourquoi pas un laser game pendant que t'y es ! Bon, j'ai une meilleure idée, je vais faire des cartes de visite pour tout le monde, ça va créer un sentiment d'appartenance.

— Quoi ? Des cartes de visite ? Mais Marianne, ça n'a aucun sens.

Lucas déteste quand Marianne se met une idée absurde en tête et refuse d'en démordre. Quand ils étaient trois, Charles et lui parvenaient à contenir ses débordements, mais seul, et sans l'aplomb et le charisme de Charles, comment circonscrire les flambées d'idées saugrenues qui sortent régulièrement du cerveau de son associée ?

Maintenant qu'elle était CEO, elle prenait des décisions parfois totalement irrationnelles et parfois extrêmement minutieuses : Lucas n'arrivait jamais à déterminer si Marianne était géniale ou simplement folle. Elle leur avait fait remporter des concours richement dotés auxquels ils n'étaient absolument pas éligibles par son seul culot. Elle s'élançait souvent dans de longues diatribes féministes, mais était la première à critiquer le look vulgaire d'une consœur entrepreneur. Passionnée, elle voulait ne travailler que sur des technologies révolutionnaires, développer des produits qui entraîneraient la paix dans le monde et la fin du conflit israélo-palestinien, mais raisonnable, elle se concentrait exclusivement sur des projets qui pouvaient lui assurer une rentabilité pas trop lointaine. Parfois elle s'enfermait trois jours sans lui donner de nouvelles et réapparaissait comme une fleur – quand il lui demandait ce qu'elle avait fait, si ces soixante-douze heures avaient au moins été mises à profit pour développer une idée lumineuse, elle lui répondait d'un air évasif et mystérieux qu'il verrait bien. Il soupçonnait qu'elle n'ait en fait rien glandé.

Une semaine sur deux, elle arrivait au bureau le lundi matin en annonçant fièrement qu'elle avait eu une idée de boîte géniale. Après avoir découvert qu'une bonne trentaine d'autres entrepreneurs asiatiques l'avaient déjà eue, elle passait la matinée à les insulter de divers noms d'oiseaux, imitant un accent chinois avec un racisme teinté de jalousie.

Marianne rejoint la table des stagiaires et, profitant de l'absence de leurs voisins de bureau immédiats, se lance dans un discours solennel, plein de pédagogie et de réassurance, sur le départ de Charles et ses conséquences pour la start-up. Si Lucas fermait les yeux et usait de son imagination pour abaisser la voix de Marianne de quelques tons, il croirait entendre mot pour mot Alessandro – Marianne s'approprie les préceptes du maître et les répète avec le plus grand naturel. Lucas ne sait pas s'il est admiratif ou effrayé.

Elle propose ensuite à tout le monde de se faire imprimer des cartes de visite, et comme pour prouver à son auditoire que c'est une bonne idée, elle brandit la sienne dans les airs. Dessus elle a fait écrire « Entrepreneure » avec un « e » à la fin – tout le monde pense que c'est parce qu'elle se revendique femme entrepreneur et pose un acte politique, alors qu'elle s'en contrefout. Elle avait d'abord longuement réfléchi à la fonction qu'elle devrait indiquer. Les options Présidente et PDG avaient vite été écartées : Marianne aurait été bien ridicule de se présenter en tant que présidente-directrice générale d'une société de deux personnes. Ça n'aurait pas fait beaucoup de trucs à diriger, et encore moins à présider. Elle avait ensuite pensé à écrire CEO – c'était bien, ça, *Chief Executive Officer*, ça faisait américain, ça faisait innovant, ça faisait start-up. Mark Zuckerberg était le CEO de Facebook. Alors quoi de mieux que de l'afficher noir sur blanc ? Quand

Alessandro avait aperçu le brouillon de maquette de la carte de visite sur l'ordinateur de Marianne en passant derrière elle, il l'avait raillée devant toute la promo :

— C'est quoi, ça ? s'était-il exclamé de tout le coffre que lui offrait son grand corps.

— Ma carte de visite. J'en ai besoin pour le sal...

— Tu ne vas pas écrire « CEO » ? C'est ridicule, plus personne n'écrit sa fonction sur sa carte de visite. Tu sais ce qu'il y a d'écrit sur la signature de l'e-mail du CEO de Fox ? Il dit : « *I get shit done* ». Et je peux te dire qu'il a pas perdu de temps à faire des cartes de visite.

— Hmm, t'es sûr ?

— Non mais je t'en supplie, n'écris pas ça sur ta carte. Et surtout, ne passe pas plus de cinq minutes à la *designer*, on n'est pas dans *American Psycho*, avait-il ordonné dans un grand éclat de rire.

Et la conversation s'était terminée. Toutes les conversations avec Alessandro s'achevaient de la même manière : par une référence cinématographique et un grand éclat de rire.

Dans la scène culte d'*American Psycho*, les banquiers s'extasient tour à tour sur le papier, la couleur et la typographie de leurs cartes de visite. Dans le milieu de l'entrepreneuriat, et quoi qu'en dise Alessandro, c'est l'intitulé du poste le vrai enjeu. En tant que CEO, Marianne avait la responsabilité de gérer de nombreuses tâches, aussi hétéroclites que chronophages, qui allaient de trouver le moyen de générer une croissance à deux chiffres, à convaincre des stagiaires de venir bosser gratuitement en passant par concevoir sa signature d'e-mails. Et si le rôle de son incubateur de start-up était de lui apporter une structure, il se transformait parfois en concours de beauté des courbes de revenus et de cartes de visite. Le plus important, avait cru comprendre Marianne, c'était de se montrer original – et une bonne manière de se distinguer, c'était de faire *différemment* des grands groupes. Surtout, il ne fallait pas écrire « vice » quoi que ce soit, ni « manager », encore moins « chef de projets » ou « responsable de ». Tout ça, c'était bon pour les *autres*, ceux qui étaient restés dans le vieux monde. Dans les start-up, avait noté Marianne, il y a toujours un *Chief Executive Officer*, ou CEO, celui qui s'occupe d'à peu près tout, et un *Chief Technology Officer*, ou CTO, celui qui s'occupe d'à peu près tout aussi, mais au niveau informatique. Lucas était CTO, même si aucune carte de visite n'en témoignait : il n'avait pas besoin d'en distribuer dans les salons ou évènements de networking, puisqu'il refusait catégoriquement d'y mettre les pieds. Tous les autres pouvaient être *Chief Officer* de quelque chose de marrant. *Chief Happiness Officer*, par exemple, pour les responsables de la relation clients, *Chief Talent Officer*, pour les ressources humaines, ou *Chief Visibility Officer* pour les relations publiques. Si on n'était pas *Chief*, on pouvait toujours s'octroyer des super pouvoirs en se présentant en tant que *Marketing Wizard, Coding Ninja* ou encore *Product Design Hero*. Pour son propre titre, Marianne ne s'était sentie ni l'âme d'un ninja ni celle d'une magicienne, et considérait d'ailleurs que ses accomplissements n'étaient en rien le résultat de tours de magie ou de coups de sabre, mais simplement d'un travail acharné. Par ailleurs, elle était effectivement CEO, mais elle avait suivi le conseil d'Alessandro car il avait bien souvent raison, et en particulier quand il s'agissait de savoir ce qui se fait et ce qui ne se fait pas en matière de start-up, notamment dans la Silicon Valley, où Marianne n'avait encore jamais mis les pieds. Elle l'avait donc écouté docilement, avait bouclé la maquette de sa carte de visite en cinq minutes, écrivant entrepreneure avec un « e » par automatisme, et ce n'était qu'une fois qu'elle en avait reçu 500 exemplaires imprimés qu'elle l'avait remarqué.

Marianne n'a pas encore d'équipe de dizaines d'employés dont les meilleurs peuvent se targuer d'être les *Chiefs* d'autres, mais elle a Jeremy et Stéphane, qu'il faut remotiver. En deux temps trois mouvements, elle trouve le moyen de rendre leur job au titre chiant comme la pluie aussi cool que le dernier produit Apple :

1. en l'écrivant en anglais,
2. en mettant *Chief* devant,
3. en utilisant un terme décalé, vaguement lié à la fonction occupée.

Après le discours de Marianne, et à la surprise de Lucas, qui pensait que Jeremy et Stéphane passaient le plus clair de leur temps à jouer à Call of Duty en attendant que leur semestre de stage soit validé, les deux jeunes semblent réellement affectés par la nouvelle, posent des questions, expriment leur soutien, et promettent de redoubler d'efforts pour soutenir la mission quasi-divine dans laquelle ils sont collectivement embarqués. En prime, ils semblent réellement enthousiasmés à l'idée de recevoir leurs cartes de visite.

Pour remercier son équipe de son soutien indéfectible, Marianne l'invite le soir même à boire des verres au Jésus-paradis, son bar fétiche, que Lucas trouve quant à lui prétentieux – il n'a encore jamais accepté de boire leur spécialité, les mojitos aux fruits rouges, préférant de loin une traditionnelle pinte de bière. Caché tout au fond de la cour des Petites-Écuries, à Strasbourg – Saint-Denis, c'est le seul endroit du quartier où l'on peut encore trouver une table libre, un cocktail à moins de 8 euros et de la bonne musique. Marianne adore cet endroit parce qu'il n'a pas de sens : coincé entre un porche qui sent la pisse et un bar à chicha où les femmes n'ont pas droit de cité. Jusqu'à 20 heures, il est complètement vide, et vu de l'extérieur, ne fait pas franchement envie ; pour seule décoration, un néon rose vaguement tapissé de papier aluminium éclaire quelques tables dépareillées et, au fond, une œuvre d'art contemporain assez morbide chatouille les nuques des clients. Mais la tenancière, Jésus, une belle plante brésilienne qui partage avec Marianne une certaine indifférence envers la mode et un goût prononcé pour les blagues grasses, réchauffe à elle seule l'atmosphère de son rade. Dans la vie de Marianne, tout est quantifié : le potentiel de son business, ses heures de sommeil, le salaire de son entourage et les charges qu'elle devra payer à l'État. Tout répond à un schéma rationnel, dont la logique lui échappe parfois, ce qui rend sa tâche de CEO d'autant plus difficile. Pour survivre, Marianne a besoin de faire régulièrement un pas de côté. Comme son entreprise lui prend toute sa vie, elle se contente de petites folies, comme aller dans ce bar, boire des cocktails fruités et écouter les dernières blagues de Jésus.

Assis autour des tables en Formica, serrés les uns contre les autres, les coudes collés à ceux de leurs voisins de libations – peut-être eux aussi entrepreneurs du Sentier, peut-être pas – les verres, les bras et les cacahuètes se mélangent. À mesure que la soirée avance, l'*happy hour* elle, s'étire sans fin. De plus en plus de clients viennent s'entasser au milieu des manteaux et des écharpes sur les banquettes en Skaï, créant un alignement de fronts transpirants, de cache-nez en polaire, un amoncellement de feuilles de menthe égarées, et de grands éclats de rire.

Le drôle de quatuor que constituent les associés et leurs stagiaires s'en remet activement à l'alcool pour déterminer un *modus vivendi* qui ne les mette pas tous dans l'embarras. Rien ne lie ces quatre personnalités, ni leur âge, ni leur rôle dans la boîte, ni leurs passions. Cette absence d'atomes crochus ne se ressent aucunement dans le cadre confortable du bureau, de la machine à café ou des réunions d'équipe. Les conversations se limitent le lundi à un « T'as passé un bon week-end ? » et le vendredi à un « T'as prévu un truc chouette ce week-end ? ». Le reste du temps, Marianne est en rendez-vous chez un client ou un investisseur, et Lucas mange un sandwich devant son ordinateur. Jeremy court des marathons et prend de la poudre protéinée alors qu'il faudrait payer Lucas des millions pour qu'il accepte de soulever le moindre poids. Stéphane sort en boîte jusqu'à 7 heures du matin dans les clubs branchés et vit pleinement la vie de la jeunesse dorée parisienne, tandis que Marianne n'a jamais touché à une drogue de sa vie et connaît le nom d'à peine trois DJs. Pour couronner le tout, ce soir-là, Marianne interdit à son assemblée d'hommes disparate de parler boulot : question de *team building*, il faut apprendre à se connaître, se dit-elle dans un élan managérial hésitant.

Ils balbutient d'abord quelques banalités, commentent les morceaux de musique qui passent, les différentes entrées du menu, les fautes d'orthographe sur l'ardoise des spécialités du jour. Puis mojitos à la fraise et pintes de bière aidant, la conversation s'anime, des rires éclatent. Ils trinquent avec leurs voisins et se font offrir des shots par Jésus, toujours là pour veiller sur les bonnes âmes égarées dans son auberge.

Autour d'une table en mélaminé, une ou deux doses de rhum au fond de l'estomac, on est tous pareils. Riches, pauvres, ambitieux, besogneux, boss ou stagiaires. Ensemble, on se crée des souvenirs – on ne sait pas exactement de quoi, mais on sait qu'ils sont agréables. Le lendemain et les jours d'après, on se rappelle avoir passé une bonne soirée avec ces gens dont tout vous sépare. Les sujets de conversation imbibés, les dérapages d'une main sur une épaule et les tonalités de voix saoules sont vite oubliés, seul un souvenir cotonneux de fraternité persiste, nourrissant un sentiment grandissant de sympathie entre les compagnons de galère.

LE BILLET DE BLOG

"Genius is 1% inspiration and 90% perspiration."[8]
Thomas Edison

Trois semaines ont passé depuis le départ de Charles. Il n'y a aujourd'hui plus personne dans l'écosystème start-up parisien qui n'ait eu vent du départ du cofondateur ; certains ont considéré l'information comme un potin parmi d'autres, d'autres en ont profité pour critiquer le management de Marianne – ce qui n'a pas manqué de remonter à ses oreilles – quelques-uns ont même tenté de profiter de l'occasion pour recruter Charles. Le reste du monde, lui, n'a pas la moindre idée du cataclysme qui s'est produit dans le micro-univers de Marianne et Lucas.

Marianne continue de faire défiler mentalement les éléments de la liste d'urgences qu'elle n'a pas encore eu le temps de traiter tandis qu'elle se fait couler le troisième café de la

8. « Le génie, c'est 1 % d'inspiration et 99 % de sueur. »

journée, alors qu'il n'est que 9h15. Alessandro entre dans la pièce pour se préparer un thé antioxydant – probablement à la cardamome issue du commerce équitable, comme il est convenable de faire dans leur espace de coworking. La seule vue de sa silhouette imposante serre l'estomac de Marianne qui sait qu'il va très probablement la confronter à son problème du moment, dont elle n'a pas encore osé lui parler. Elle sait qu'elle a 50 % de chances pour qu'Alessandro soit dans un bon jour, qu'il lui passe une main affectueuse dans le dos et qu'il sache exactement trouver les mots du réconfort et lui donner des éléments concrets pour qu'elle se remette de cette épreuve. Mais elle ne se sent pas la force d'affronter son regard glacial dans le cas où il serait dans un mauvais jour.

— Alors, c'est pas la joie en ce moment ? lui lâche Alessandro avec son habituel sourire chaleureux.

Pour toute réponse, elle ne parvient qu'à lui lancer un regard fatigué et las, dans l'espoir d'attirer sa compassion.

— Tu sais, Marianne, tu peux raisonnablement relativiser la situation, reprend Alessando. Imagine que Charles soit resté six mois, un an de plus, et vous ait lâché après avoir construit absolument toute la techno – ça aurait été un enfer de trouver quelqu'un pour reprendre l'appli, n'importe quel bon développeur veut bosser sur son propre code. Rappelle-toi : « *Fail early, fail often* ». Cette association, c'était une erreur – on s'en fout de savoir qui a eu tort dans cette histoire, ce qu'il faut c'est en tirer des leçons. Qu'est-ce que tu as appris ces trois dernières semaines ?

Marianne se remémore les situations auxquelles elle et Lucas ont fait face à la suite du départ de Charles. Elle a géré avec un flegme irréprochable les réactions diverses des actionnaires, allant de l'indifférence au catastrophisme, avant de jeter ses oreillers dans son appartement et de cogner dessus tellement fort qu'elle a répandu l'intégralité de leurs plumes dans son petit studio. Elle a téléphoné, rappelé, insisté et relancé banque, comptable, avocat et administrations diverses, puis a synthétisé l'ensemble des avis, souvent contradictoires. Lucas a dépilé, évalué et requalifié l'ensemble des tâches en cours, et a réduit proportionnellement son nombre d'heures de sommeil pour pouvoir abattre la charge de travail. Marianne a rehaussé son seuil de tolérance à l'alcool, et Lucas celui du nombre de vraies clopes qu'il s'accorde dans la journée.

Alors qu'elle raconte à Alessandro, hilare, les messages de soutien les plus hypocrites et perfides qu'elle a reçus, et comment elle a su y répondre en serrant les dents, il s'exclame soudain : « Marianne, il faut que tu en fasses un billet de blog. Absolument.

— Pourquoi veux-tu que je raconte ma vie sur internet ? Les gens s'en foutent des pérégrinations d'une entrepreneure ratée en passe de devenir un poivrot.

— C'est pas vrai du tout, si toi t'as connu ça, des milliers d'autres l'ont vécu aussi – et des milliers d'autres s'apprêtent à le vivre. L'information, les conseils que tu peux partager, c'est une mine d'or pour les entrepreneurs. Il faut que tu écrives. Ordre du mentor ! »

La plupart des conseils prodigués par Alessandro sont des pépites, et celui-ci ne fait pas exception. Marianne le sait, alors elle ne tourne pas autour du pot et lui répond avec autant d'aplomb que lui :

— D'accord, je vais le faire.

— Je compte sur toi ? lui dit-il avec un clin d'œil.

— Tu peux !

Marianne fait demi-tour et s'attelle à la tâche. Alors qu'elle commence à coucher sur un carnet les quelques idées qui lui viennent, elle reçoit un message de Tristan. Depuis trois semaines, ils entretiennent des échanges épars, se manifestant de loin en loin leurs existences respectives – lui dans l'espoir de revoir Marianne, elle pour le cas où elle arriverait un jour à sortir la tête de l'eau et souhaiterait retrouver une vie sexuelle. Ce jour-là, Marianne ne se défausse pas, mais précise bien qu'elle doit bosser. Tristan lui promet un dîner aux chandelles *all inclusive* chez lui, plié en une heure et demie, et accès illimité ensuite à son bureau et à sa fibre optique.

Lorsqu'elle arrive sur le pas de la porte de Tristan, l'esprit encore plein de calculs de coût et de marge brute, elle est presque surprise de le voir ouvrir la porte. Ses calculs lui ont fait oublier le caractère romantique de sa visite nocturne ; c'est seulement à la vue du visage anguleux et des avant-bras sculptés du musicien qu'elle se remémore, à mesure qu'accélère son rythme cardiaque, l'odeur de sa peau moite, les miettes de croissants sous la couette et le son des instruments de musique.

Mais les baisers ardents de Tristan ne suffisent pas à occulter le brouhaha sombre des urgences administratives qui gronde en elle. Il lui propose un apéritif, puis un deuxième – elle scrute le four dans l'espoir d'y voir un plat prêt à déguster, mais ne décèle dans la cuisine aucune trace d'un dîner déjà préparé, comme Tristan le lui avait promis. À la fin du bol de cacahuètes et de son verre de vin, elle l'interroge sur le menu. Tristan ne fait pas vraiment attention et embraye sur un autre sujet de conversation, tout en remplissant le verre de Marianne. Le temps passe, les verres de vin se vident, mais pas l'ombre d'un dîner aux chandelles ne se profile. Marianne tolère difficilement d'insérer dans son emploi du temps chargé une soirée de discussions légères qui n'impliquerait ni nourriture ni orgasme. Elle ramène discrètement le sujet du dîner – pour ne pas brûler les étapes – sur le tapis.

— Oui, c'est vrai, le dîner, réagit enfin Tristan. Tu as faim ? Qu'est-ce que je te prépare ?

— Ah... parce que c'est pas encore prêt ?

— Non... Désolé Majesté, tu t'attendais à un service 4 étoiles ? T'es si affamée que ça ?

Marianne émet un petit rire gêné.

— Non, enfin c'est pas ça, simplement il est déjà 20 h 30, et si on doit manger, et puis... enfin bref, après il faut encore que je me mette à mon article, tu te rappelles ?

— Est-ce que tu es en train de dire qu'il faut qu'on se dépêche de baiser parce que tu es pressée ? Dis-donc, t'es vachement fleur bleue.

— Non mais pas du tout, c'est pas ce que je voulais dire...

— Qu'est-ce que tu voulais dire alors ?

— ... Bon, imaginons que j'aie *effectivement* voulu dire ça, quelle aurait été ta réaction exactement ?

— Marianne, tu sais, je suis un homme. Si on me propose du sexe, sous quelque forme que ce soit, il y a de grandes chances pour que j'accepte.

— Ben fallait le dire, fais pas ta prude ! Viens, on dînera plus tard !

Marianne prend l'avant-bras musclé de Tristan et l'entraîne sur le chemin de sa chambre, qu'elle connaît pour l'avoir parcouru complètement saoule trois semaines plus tôt, se débarrassant de son manteau et de ses chaussettes.

Soulagée d'avoir mis au clair le caractère strict de son emploi du temps, Marianne s'accorde la quarantaine de minutes d'abandon complet dont elle a besoin – elle aime faire les choses correctement –, et s'applique à consentir à Tristan toute son attention pendant le temps qui leur est imparti.

Tristan endormi, elle s'assied à son bureau poussiéreux, ouvre son ordinateur et crée un document Word vierge. Marianne trouve grisantes ces quelques secondes de face à face avec la virginité d'un nouveau document. C'est un espace de liberté totale : tout reste à construire, et elle est la seule maîtresse d'ouvrage. Marianne doit exprimer ce qu'elle a dans les tripes depuis des semaines. Un peu comme elle le fait depuis des mois : elle construit une entreprise qui a du sens pour elle, elle s'investit dans la mission qu'elle s'est imposée à elle-même : rendre disponible au monde le produit qu'elle a inventé. Et puis, gagner de l'argent, employer des êtres humains en chair et en os, payer des impôts, susciter des vocations. Lorsqu'elle écrit, Marianne ressent le même plaisir enivrant que celui d'entreprendre.

Elle appelle Lucas sur Skype à 3 heures du matin :

— *Hello*, je te dérange pas ?

Lucas ne dormait pas – il jouait à Call of Duty en culpabilisant de n'avoir pas fini ses tâches du jour.

— Euh, non, dit-il en appuyant sur le "O" de sa manette.

— Bon, je t'explique le truc. Je suis en train de rédiger un article pour notre blog, sur le départ d'un cofondateur. Je voudrais bien y inclure une partie technique – j'en sais rien, moi, la sécurité des mots de passe, la... euh... fusion des... euh... codes ?

— Ouh la, tu veux que j'écrive ? Moi ?

— Non, non. Explique-moi, je me charge de la rédaction.

— Je sais pas si je vais réussir à t'expliquer, Marianne.

Marianne maudit les développeurs et leur incapacité à vulgariser la mystique de leur artisanat. Lucas voit instantanément sur la moue de son visage qu'elle est en train de ruminer contre les développeurs. Par esprit de corps, il fait un immense effort pour défendre les siens.

— Bon, OK, je vois le truc.

— Merci, tu assures.

L'ÉTINCELLE

"Timing, perseverance, and ten years of trying will ultimately make you look like an overnight success."[9]
Biz Stone, cofondateur de Twitter

Le lendemain matin, son article est plié. Elle y a tout balancé, ses galères, ses erreurs, ses techniques, ses conseils, ses émotions, ses astuces, ses hésitations, ses surprises, ses ressources. Elle a mis des graphiques, des captures d'écran, des photos, des blagues, des tweets, des hyperliens et des recommandations techniques.

Elle le cosigne avec Lucas et le fait relire à Alessandro, qui l'encourage : « C'est super, ça va faire un carton sur Hacker News ».

Fébrilement assise sur sa chaise imitation Starck censée justifier le loyer exorbitant de son espace de coworking, elle parcourt une dernière fois son article, vérifie les fautes de

9. « Un peu d'opportunisme, de la persévérance et dix ans de tentatives infructueuses vous donneront l'apparence d'un succès instantané. »

grammaire et les expressions idiomatiques anglaises, puis se décide à presser sur le bouton « Publier ».

D'abord, il ne se passe strictement rien. Il faut dire que le blog de la société de Marianne et Lucas n'est pas encore suivi par une foule d'internautes admiratifs. Marianne poste un tweet, encourage Lucas à en faire autant, et publie un lien sur Facebook. Elle se balade dans quelques communautés en ligne d'entrepreneurs dont elle fait partie, où la plupart des membres ne viennent que pour faire l'autopromotion de leurs produits, articles, ou dernières sources de fierté. Puisque c'est le jeu, elle s'y prête de bonne grâce. Ses publications recueillent assez vite quelques « J'aime » et quelques retweets, et son article fait rapidement le tour de l'écosystème start-up parisien. Par solidarité, quelques entrepreneurs européens qui traînent sur Twitter au même fuseau horaire que Marianne et Lucas se mettent eux aussi à partager l'article. « *Great job* », « *Very insightful, thank you* ». Marianne et Lucas reçoivent de plus en plus de messages enthousiastes de start-upers inconnus. Eux aussi se sont peut-être fait larguer par leur associé. Peut-être sont-ils en train d'observer du coin de l'œil, craintifs, l'air maussade de leur cofondateur à l'autre bout de leurs bureaux. Peut-être sont-ils en train de rassembler toutes les informations utiles sur la création de société avant de prendre la décision de sauter le pas. Peut-être sont-ils des robots Twitter destinés à interagir avec un maximum de personnes dans l'espoir de recueillir toujours plus de *followers*.

À chaque notification, Marianne tressaille, à chaque mention sur Twitter, un stagiaire s'exclame. N'y tenant plus, ils finissent par réclamer à Lucas : « Quand est-ce qu'on le poste sur Hacker News ? » Lucas, placide, rappelle la vertu de la patience : « Ce n'est pas une simple plate-forme pour faire la promo de ses articles. On ne joue pas avec Hacker

News comme on fait de la publicité sur Facebook; Hacker News le saura, si tu postes ton propre article, il punira ton narcissisme; si tu votes pour le *post* d'un ami sans avoir lu le contenu, il punira ton népotisme; si tu viens polluer les partages avec des liens qui ne servent à rien, il punira ta désinvolture. Hacker News c'est une véritable communauté; d'ailleurs plus tu t'investis, plus ton profil gagne des points de "karma" et si tu triches, tu en perds, tu peux même être banni. On ne plaisante pas avec ça: il faut jouer dans le respect des règles. Si notre article doit arriver sur le site, alors il y arrivera; s'il doit être *upvoté* par la communauté, alors il le sera; sinon, il faudra l'accepter. »

Alors sagement, Marianne et son équipe restent à contempler les tweets. Quelques heures plus tard, leur patience est enfin récompensée. Ce qu'Alessandro avait prévu arrive: l'article se retrouve sur Hacker News – et le jeu des votes aidant, parvient rapidement sur la page d'accueil du site, visitée par des centaines de milliers de personnes chaque jour. Il faut croire que parler avec le cœur est payant pour les amateurs de littérature « start-up »: c'est désormais de tous les fuseaux horaires que les messages affluent. Pakistanais, chiliens, néo-zélandais, hongrois, et bien sûr californiens: les entrepreneurs du monde entier ne tarissent pas d'e-éloges sur l'article de Marianne et Lucas. Tout se passe comme si les mots de Marianne avaient résonné avec le quotidien de toute une population perdue dans l'ombre, n'osant exprimer son désarroi. Elle avait écrit ce que tant craignaient, vivaient, ressassaient. Personne n'avait osé en parler avec tant de détails et d'honnêteté.

Lucas, l'ego gonflé du plaisir de figurer en page d'accueil de Hacker News depuis plusieurs heures déjà, ne peut plus décrocher ses yeux de l'écran de son ordinateur, qui affiche les statistiques de visite de leur site web. Il peut voir en direct, sur une carte du monde, les connexions effectuées, symbolisées par des petits points bleus. D'habitude, il observait un petit amas sur la France, et avec un peu de chance, deux ou trois aux États-Unis et un – probablement perdu – en Amérique du Sud ou à Séoul. Avec la publication de l'article, il distingue à peine les frontières entre les pays tant elles sont recouvertes d'agglomérats de points bleus. « Marianne, y'a des mecs au Qatar qui lisent notre article ! », s'exclame-t-il.

Même leurs voisins de bureau sont venus entourer leur table branlante pour admirer leur interface de statistiques de visite – « Eux qui ne savent même pas comment je m'appelle », se dit Lucas.

— Tu sais, Marianne, faire la une de Hacker News, c'est une vraie étape dans la vie d'une start-up. C'est genre un rite de passage. Bon, OK, c'est pas avec notre appli – mais c'est tout comme. On a de nouveaux utilisateurs qui s'inscrivent toutes les deux minutes, j'ai jamais vu ça.

— C'est génial ! lui dit Marianne, amusée de voir un Lucas si enthousiaste, presque volubile.

Lucas ne peut plus lâcher son téléphone. Ce dernier est posé sur le bureau, face vers le haut. Lucas le scrute : dès que l'écran s'allume pour une alerte, son cœur fait un bond dans sa poitrine : serait-ce un nouveau compliment ? Un nouveau partage ? Une nouvelle manifestation de la bonté et de la douceur d'internet ?

Il n'y a rien que Lucas trouve plus exaltant que recevoir des notifications. Lorsque son téléphone est dans sa poche, il n'en sent d'abord que les vibrations, douces caresses augurales, renfermant en chacune d'elle une nouvelle fenêtre ouverte sur un monde d'opportunités numériques. Parfois c'est un vieil ami d'enfance qui le recontacte sur Facebook, parfois c'est une nouvelle vidéo mise en ligne par son YouTuber préféré, parfois c'est un mystérieux nouveau *follower* sur Twitter qui aime ses derniers *posts*. Mais pendant les quelques secondes qui s'écoulent entre la réception de la notification et sa lecture, c'est tout un champ des possibles que Lucas s'imagine : ça pourrait être une déclaration d'amour, l'annonce de la découverte de la vie sur Mars, un miracle sur son compte bancaire.

Quand il les voit sur son téléphone, décorant de leurs logos colorés son fond d'écran morne et sombre, il se dit qu'elles subliment le rectangle lumineux de son écran. Pour Lucas, c'est de l'art en trois dimensions ; il aime tout dans ses notifications : leurs sons, leurs coloris, le frémissement que procure leur réception dans sa poche.

Mais surtout, elles le connectent au monde. Les notifications sont une incursion dans son univers solitaire, un rappel que quelque part, même loin, sur un serveur au Texas, un signal digital est émis dans sa direction. Une notification, c'est comme un salut d'un ami lointain, un être humain qu'il n'aime que davantage parce qu'il est absent, et en même temps c'est une poignée de main désincarnée, une étreinte du web : c'est une tendresse virtuelle qu'il ressent avec toute la prégnance de la vie réelle.

Plus l'effort mis derrière ce qui a déclenché la notification est grand, plus le câlin est affectueux. Si c'est le robot d'une application qui lui rappelle qu'elle n'a pas été utilisée depuis longtemps, c'est un vague regard de loin. Si c'est un rapide « J'aime » sur Facebook, c'est déjà un sourire plus chaleureux. Si c'est Marianne qui lui envoie par SMS « T où ? » ou « OK », il se sent le cœur léger. Si un ami prend la peine de laisser un commentaire sous une de ses photos, il ne peut réprimer un sourire. Et si c'est un long message, un e-mail ou un texto, écrit en phrases et construit avec une véritable structure syntaxique, c'est carrément une embrassade.

Comme certains sont accros au sexe, à l'affection ou aux mots d'amour, Lucas est accro à ses notifications. Il n'éteint jamais son téléphone, préfère être réveillé la nuit par un retweet que de passer six heures sans elles. Quand par malheur il tombe en rade de batterie, et qu'impatient, il parvient enfin à remettre en marche son appareil, il s'émerveille du spectacle des notifications qui s'accumulent sur son écran de veille, les unes après les autres, déversées par le flux des connexions entrantes.

Quand il envoie un message à quelqu'un, il pense au plaisir que procure à son destinataire le fait de voir les petites têtes colorées apparaître sur son téléphone. Il sait bien que la plupart des gens sont fatigués d'entendre leur portable sonner : il entend Marianne pester tous les jours contre son iPhone qui ne cesse de sonner. Mais si la notification a été envoyée avec toutes les bonnes intentions du monde, il croit qu'elle sera bien réceptionnée. Qui pourrait s'énerver contre un « J'aime » ? Qui pourrait pester contre un gif animé envoyé sur WhatsApp ?

Lorsque son téléphone reste un long moment vide et silencieux, l'esprit de Lucas le devient aussi, par mimétisme. Il est accablé d'un sentiment de solitude ; son humeur, comme son écran, manque de pigments. Il se demande s'il capte bien le réseau, redémarre le wi-fi, pour être sûr – on ne sait jamais, peut-être qu'un amas de notifications est resté coincé à l'aiguillage, qu'il va les recevoir en rafale quand la connexion sera rétablie. Constatant l'absence de résultat, misérable, il répond à de vieux tweets, laisse des commentaires dans l'espoir de recevoir une réplique.

Ce jour-là, sur le téléphone de Lucas et dans son cœur, c'est un tsunami de joie qui se déverse. Il reçoit des notifications dans toutes les langues, à chaque minute, et il sait que grâce aux jeux des fuseaux horaires, il passera une nuit entrecoupée de *shoots* de bonheur. Il n'a même plus besoin de ranger son téléphone dans sa poche, comme il le fait d'habitude, pour déguster le moment de suspense entre l'alerte et la lecture; les quelques secondes qu'il lui faut pour approcher sa main de son jean, et qui font accélérer son rythme cardiaque. Il laisse son téléphone posé là, sur la table, et se contente d'admirer le feu d'artifice irrégulier de son écran qui s'allume, puis s'éteint, et se teinte de toutes les tonalités de l'arc-en-ciel.

Marianne, elle, est concentrée sur l'afflux entrant d'e-mails aux objets plus valorisants les uns que les autres. Elle doit faire le tri afin de supprimer la masse de messages à caractères commerciaux reçus, qui voient en sa société une opportunité de vente d'un service d'hébergement web, d'accompagnement légal ou de *consulting*, et ceux qui sont franchement des spams. Elle distingue quelques e-mails d'amis entrepreneurs aux intentions plus ou moins louables – la féliciter chaleureusement ou se la mettre dans la poche dans la perspective de lui soutirer un service – auxquels elle décide de répondre plus tard. Marianne ouvre consciencieusement chaque e-mail, elle est à l'affût, elle guette; elle sait ce qu'il se passe quand une start-up reçoit un peu d'attention de l'écosystème: les investisseurs se manifestent. Elle sait qu'elle doit se montrer vigilante, c'est dans ces moments-là que les fonds les plus rapaces tentent de mettre la main sur les start-up peu scrupuleuses, elle a entendu ses aînés entrepreneurs critiquer leurs fonds incapables, et envier les succès français qui avaient su dégoter des *deals* avec des *venture capitalists* respectables – mais enivrée par l'afflux d'e-mails et les centaines de milliers d'euros potentiels qu'elle entrevoit, là, tout près, à quelques touches de clavier de ses doigts, elle en oublie tous ses principes : elle veut rencontrer des investisseurs, elle veut exhiber son PowerPoint, elle veut parler valorisation et clauses de *vesting*.

Jusqu'à présent, leur boîte est financée par des *business angels* indépendants de toute structure qui investissent leurs fortunes personnelles en espérant récupérer *a minima* leur mise, la doubler ou la tripler, avec un peu de chance, mais surtout à défiscaliser pour éviter un ISF trop lourd. Anciens maîtres de stage, oncles éloignés, amis d'amis devenus riches banquiers, connexions parentales, bonnes âmes friquées : elle avait contacté, relancé, harcelé la terre entière pour récolter quelques dizaines de milliers d'euros qui financeraient son espace de coworking, la rémunération de ses stagiaires, deux ou trois campagnes de publicité, et quelques mois de loyer des petits studios qu'avaient loués Lucas et elle. Mais décrocher un V.C. voudrait dire accéder à un montant nettement plus élevé, à un réseau et un accompagnement théoriquement plus important, et surtout, surtout, au prestige de pouvoir raconter à la machine à café : « Oui, j'ai levé des fonds – oh pas grand-chose, 1 million 7, non, non, *pré-money*. »

Grâce à la une de Hacker News, Marianne et Lucas reçoivent enfin des e-mails de fonds d'investissement. Lucas s'en fout, il est trop occupé à répondre aux tweets de CTO admirateurs de son travail qui lui posent des questions sur ses choix techniques. Marianne, elle, s'applique à envoyer calmement ses disponibilités calendaires à chacun des expéditeurs des e-mails qu'elle reçoit – et qu'elle ne soupçonne pas trop d'être un hacker chinois qui veut récupérer son code de carte bleue.

Sur la dizaine d'e-mails qu'elle rédige, seuls trois donnent lieu à des réponses. Et le jeu des agendas occupés ne facilitant pas la tâche, Marianne n'obtient finalement qu'un seul rendez-vous, à Paris, la semaine suivante.

LA LEÇON

"It's simple until you make it complicated." [10]
Jason Fried, fondateur de Basecamp et auteur de *Rework*

La seule perspective d'avoir à écrire « Rendez-vous V.C. » dans son agenda met Marianne en joie : pour se féliciter du travail accompli et remercier Tristan de l'avoir bien inspirée, elle l'appelle pour le retrouver chez lui.

— Tu veux me revoir ? Ah, elle est déjà accro, j'en étais sûr, plaisante-t-il.

— J'ai rien à bouffer chez moi et j'ai cru identifier des restes dans le frigo ce matin... c'est tout.

— Tu sais, Marianne, tu peux me le dire si t'as envie de baiser, je t'en voudrais pas.

— Bon, je peux venir ou quoi ?!

Marianne avait depuis longtemps la sensation que le sexe ne variait pas tellement d'un homme à un autre. Maintenant

10. « C'est facile jusqu'à ce que vous le rendiez compliqué. »

qu'elle avait compris comment son propre corps fonctionnait, il lui suffisait de montrer subtilement à ses amants sur quels boutons appuyer et se concentrer sur le reste. Elle n'était pas exactement blasée, et continuait d'apprécier avec un plaisir non dissimulé ses interactions sexuelles diverses, mais elle était plus intéressée par la conquête que par le résultat.

Depuis sa dernière histoire sérieuse, qui datait d'avant son projet de société, elle n'avait eu que des aventures de quelques soirs, voire quelques semaines. Ce n'est pas qu'elle n'avait pas aimé ces hommes, au contraire, elle aimait trop *les* hommes. Les grands, les petits, les musclés, les brindilles, les boute-en-train et les philosophes du dimanche. Pour elle, la séduction, c'est comme un classique des jeux de société : c'est le même plateau, les mêmes règles, les mêmes objectifs, mais on peut choisir ses pions, ajouter des contraintes pour pimenter le challenge, et chaque partie devient unique. Quand on commence à maîtriser les subtilités stratégiques, on commence à sérieusement profiter du jeu. Elle, elle joue sans maquillage et sans robe affriolante ; d'abord elle n'en possède pas, et puis elle trouve ça trop réducteur. La séduction, fort heureusement pour elle, dépasse largement les simples attributs physiques évidents. Certains de ses amants étaient tombés fous d'un grain de beauté, mais la plupart avaient voulu découvrir ce que cachait son air bourru et son pull trop grand. Elle, elle s'entichait d'une phrase prononcée, d'un reflet sur une chevelure ou d'avant-bras musclés. Derrière ses petites obsessions, elle ne trouvait ensuite pas grand-chose, et visiblement, ses amants non plus.

Marianne sait qu'elle va probablement rapidement se lasser de Tristan, et qu'il va vite se rendre compte qu'une entrepreneure aux dents qui rayent le parquet, ça ne colle pas avec sa vie de bohème. En attendant, elle profite de ce qu'il a à lui offrir : les mains d'un virtuose de la musique qui joue avec son corps comme avec le plus raffiné des instruments.

Le sexe avec Tristan a ce petit quelque chose de mélodique qu'elle n'a encore jamais connu avec ses autres amants interchangeables. Peut-être est-ce un talent, une compatibilité hormonale fortuite, ou peut-être lui est-il à la fois totalement exotique et totalement familier : ça la rassure et ça l'excite, les deux étant nécessaires à l'abandon.

Elle ne se sent pas si mal dans le petit appartement de Tristan – d'une bonne dizaine de mètres carrés plus grand que le sien. Il lui avait avoué, honteux, que ses parents lui payaient encore le loyer. Sa carrière de rock star n'étant pas encore florissante, il utilise les restes de ses allocations chômage pour se payer son matériel et l'alcool nécessaire à son inspiration. Elle l'avait rassuré : son RSA ne couvrait plus que quelques plats de pâtes, et elle en était elle aussi réduite à mendier son loyer à ses parents nantis de province, qui lui envoyaient des chèques systématiquement ponctués de remontrances : « On t'a pas payé ton école de commerce pour ça ! » – « Ah oui, je la connais bien, celle-là », avait dit Tristan. Ils avaient comparé leurs anecdotes de riches familles de petits bourgeois de droite qui ne comprenaient rien au monde, aux technologies et aux musiques d'aujourd'hui, mais qui avaient au moins le mérite d'en financer une partie à coups de loyer sponsorisés.

Comme Tristan est très bavard et Marianne très pressée, c'est elle qui l'amène subtilement au sujet incandescent. Ce soir-là ne fait pas exception, et elle se réjouit d'avance de la perspective de se faire embarquer par la douce musique des gestes de son amant. Mais ce soir-là, encastrés à poil dans le tout petit canapé du salon / salle à manger / chambre d'amis, les fausses notes s'enchaînent. L'harmonie n'est pas là. Ils chantent faux.

Tristan, qui s'attèle pourtant consciencieusement à la tâche, s'inquiète :

— Ça va pas ? T'aimes pas ça ?

Marianne prend un air contrit – elle n'a pas spécialement envie de vexer son musicien mais ne s'accorde que si peu de moments de plaisir qu'elle n'a pas non plus envie d'en gâcher l'efficacité.

— Euh, attends, hmm, là, mouais.

— Et comme ça ?

— ...

— Bon mais dis moi ce qui va pas, bordel !

N'en pouvant plus de bousiller sa soirée fantasmée en baise ratée, elle lâche :

— Mais putain, arrête de tourner dans tous les sens avec tes doigts, on dirait que tu fais la vaisselle avec ma chatte !

Tristan éclate de rire.

— OK, OK, chef. Je te propose de me montrer comment on s'y prend pour faire plaisir à ta précieuse chatte, comme ça j'arrêterai de me faire engueuler.

Marianne soupire :

— Bon d'accord. Faut tout vous expliquer, à vous, les hommes.

Elle prend la main de Tristan, la fourre entre ses cuisses, et entoure ses doigts des siens pour lui montrer le chemin. Lui se laisse faire la leçon par sa maîtresse, elle se complait dans son rôle de leader : elle a l'habitude de prendre toutes les décisions.

* * *

Le lendemain matin, Marianne attend calmement que Tristan lui serve sa dose de café quand il lui dit :

— Bon allez, un peu de sérieux maintenant, Marianne. Tu es entrepreneur, c'est ça ? Explique-moi comment ça marche.

— Comment ça, « comment ça marche » ? Tu peux m'expliquer le fonctionnement d'un piano, toi, peut-être ? Être entrepreneur, c'est une vocation, ça ne marche pas.

— OK, OK, je me suis mal exprimé. Disons que j'ai une idée, une super idée, ça vaut des millions. Demain je veux lancer mon activité, monter ma boîte. Je fais quoi ? Je dépose un brevet, je mets un écriteau sur ma porte... ?

— Tu sais, j'adore ce que je fais, mais si je me lance dans un récit des procédures administratives indispensables à la création d'une société, ça risque franchement de pas être très rigolo.

— Ah ben, c'est toi la créative, trouve un moyen de rendre ça sympa !

Marianne, que peu de défis effraient, s'assied sur le rebord du canapé en position d'oratrice, époussette les miettes de croissants collés à ses doigts, et s'élance dans une tirade :

— Alors, tu veux tenter la grande aventure de création de société ? Gare à toi, jeune inconscient, elle est plus remplie de périls que tu ne pourrais l'imaginer. Chaque étape du voyage est semée d'embûches, les passeurs que tu croiras tes alliés te trahiront sans vergogne, et chaque décision que tu prendras aura un impact irréversible sur la santé de ton entreprise.

Tout commence avec ton avocat : lui seul est habilité à rédiger les statuts de ta boîte. Tel un « livre dont vous êtes le héros » humanoïde, il te pose des questions binaires auxquelles tu dois répondre bien souvent dans l'urgence et sans avoir la moindre idée des conséquences qu'elles impliquent. Est-ce que tu optes pour le statut de S.A.S ou de S.A.R.L ? Est-ce que tu partages le capital social à 50-50 % ou à 49-51 % ? Est-ce que tu choisis un régime fiscal à taux réel ou à taux réel simplifié ? Est-ce que tu veux payer la TVA tous les trimestres ou tous les ans ? Ne crois pas que pour y répondre, Google sera ton ami – encore moins les experts de ton entourage. Il y a autant de pages web que de réponses différentes à chacune des questions. À toi de faire preuve de ruse et de compter sur ta chance pour prendre les bonnes décisions.

Une fois les statuts rédigés, tu entres dans un labyrinthe nébuleux d'administrations diverses, qui te demandent ou te fournissent autant de justificatifs. Chambre de commerce et d'industrie, Centre de Formalités des Entreprises, Tribunal de commerce, Greffe – elles se cachent sous des patronymes plus indigestes et impénétrables les uns que les autres. Aujourd'hui encore, je ne saurais pas t'expliquer la différence entre le Greffe et le C.F.E. – et il est fort possible qu'il n'y en ait en fait pas.

Pour déposer tes statuts, on te réclamera une attestation, fournie par la banque, du montant de ton capital – pour cela, il faut donc avoir créé au préalable un compte bancaire d'entreprise. Or, pour créer un compte en banque d'entreprise… il faut avoir déposé ses statuts. Le piège ! Le guet-apens ! Je t'avais prévenu qu'il fallait être armé. Seuls les plus malins sauront mettre sur pied des stratagèmes et des alliances pour obtenir lesdites attestations.

Pour les victorieux, il reste encore à effectuer l'annonce légale, à payer au prix fort (considérant qu'une annonce légale fait deux lignes et que ça coûte 250 euros). Mais quel plaisir de lire enfin le nom de sa création, noir sur blanc, dans un Journal Officiel – sauf si, comme ce fut notre cas, l'imprimeur se plante et oublie les deux premières lettres du nom de ta boîte. Prépare-toi psychologiquement : « Tristan S.A.S » risque de se faire amputer et de devenir « Istan S.A.S » !

Après ce parcours du combattant, ta mission est de t'assurer un revenu mensuel stable, assuré par l'État providence français. Le Pôle emploi peut aussi bien s'avérer être ta bonne fée que ton génie maléfique. On te promet des indemnités de chômage pour ton rôle de créateur et d'apporteur de valeur à la société, mais à quel prix ? Rendez-vous incessants dans les centres Pôle emploi dangereusement proches de la petite ceinture, inscriptions obligatoires au cours de business plan avec des profs qui n'ont probablement jamais ouvert un tableur Excel de leur vie, radiation intempestive des listes de bénéficiaires... J'ai voyagé du Pôle emploi à la Caisse d'Allocations Familiales puis à l'Urssaf. J'ai réclamé chômage, RSA et APL. Je me suis déclarée Travailleur Non Salarié, chômeuse active et désespérée administrative. Aujourd'hui, je n'ai pas la moindre idée de l'endroit d'où provient l'argent qui arrive sur mon compte – et je prie pour qu'il ne disparaisse pas d'un mois à l'autre.

Et tout ça, finalement, ce n'est que l'introduction. Après, il y a toutes les réjouissances des demandes de subventions, de recrutement de salariés, de levées de fonds et d'augmentation de capital... Mais ça, mon p'tit, c'est un autre chapitre de la belle histoire de l'entrepreneuriat ! Je vais me refaire du café.

— Merci Père Castor ! Je crois que je vais m'en tenir à gratter ma guitare et chanter des chansons.

L'INVESTISSEUR

"Rule #1: never lose money. Rule #2: never forget rule #1."[11]
Warren Buffet, homme d'affaires

Le jour du rendez-vous avec le fonds d'investissement arrive enfin. En frappant à la porte du luxueux bureau du 8e arrondissement, Marianne regarde, circonspecte, l'accoutrement de Lucas du coin de l'œil. Éternels jean trop grand, gilet à capuche noir et T-shirt d'un quelconque groupe de hard rock dont on devine le dessin obscène sous le Zip à moitié fermé. Aux pieds : baskets noires en état moyen, censées être utilisées à des fins d'activités urbaines type skateboard, mais qui n'ont probablement pas sauté plus haut que du trottoir au caniveau. Lucas n'a bien évidemment rien changé à son rituel matinal : bol de céréales, gel dans les cheveux et tenue rigoureusement similaire à celle de n'importe quel autre jour. Il est extrêmement concentré sur le niveau de moiteur de ses mains

11. « Règle numéro 1 : ne jamais perdre d'argent. Règle numéro 2 : ne jamais oublier la règle numéro 1. »

et craint le moment où il devra serrer celle de l'investisseur. Il n'avait pas envie de venir mais Marianne s'était lancée dans un monologue bruyant : Lucas avait simplement entendu les mots « actif technologique », « solidarité des cofondateurs », « investissement en capital humain » et avait rapidement cédé pour mettre fin à ce brouhaha jargonneux.

Un homme d'une bonne soixantaine d'années vient leur ouvrir personnellement la porte – non sans leur faire comprendre l'honneur qu'il leur fait en interpellant sa secrétaire : « Ne vous dérangez pas, Marie-Laure, j'accueille nos invités ! »

Un air plein de bonhomie, les joues roses et le costume sentant à plein nez l'ISF, il les invite chaleureusement à s'asseoir dans son bureau, qui pourrait tout aussi bien être celui d'un avocat de province ou d'un notaire. « On est loin de Peter Thiel », songe Lucas en s'asseyant poliment. C'est le rôle de Marianne de mener la discussion, c'est elle la CEO. Après les politesses d'usage – le temps qu'il fait, la déco du bureau, la grève des transports – Lucas observe pendant de longues minutes, silencieux, la scène se dérouler sous ses yeux, comme s'il ne devait en rester que simple spectateur.

Marianne ouvre son ordinateur contenant le PowerPoint sur lequel elle a bossé de longues semaines. Elle commence par expliciter le prétendu problème que leur produit résout, comme le leur a appris Alessandro. Seulement leur produit, ils l'avaient commencé avant de le rencontrer : leur justification *a posteriori* ne fonctionne que moyennement, Marianne le sait, alors elle passe brièvement sur le sujet en utilisant un maximum de mots compliqués en un minimum de temps – sa technique habituelle, Lucas la connaît par cœur. Les bras croisés sur son ventre bedonnant, l'investisseur regarde, concentré et la bouche pincée, les courbes, les schémas et les graphiques soigneusement conçus par Marianne. Elle lui montre quelques tweets enthousiastes, le pic généré par leur passage sur Hacker News – sans préciser que c'était son billet de blog qui en était à l'origine et pas un regain d'intérêt soudain pour leur application, des captures d'écran des points bleus partout dans le monde. Elle évoque avec emphase son *curriculum vitae*, celui de Lucas qui hoche la tête avec modestie, l'ensemble de ses stagiaires, même ceux partis depuis des mois, en appuyant longuement sur les acronymes des grandes écoles fréquentées par les uns et les autres : HEC, ESCP, EPITA, Centrale, oui, oui, à Paris – une année d'échange à Harvard, un court passage par Stanford. Elle embarque avec elle l'investisseur vers l'avenir : les plans marketing, l'expansion à l'international, la conquête de la Silicon Valley. Il a les yeux qui brillent. Quand elle en vient à son *cash flow*, la prévision de ses dépenses et recettes pour les trois années à venir, directement liées à la pertinence des prévisions de croissance qu'elle vient de présenter et au capital qu'elle aura réussi à soutirer à l'homme à qui elle s'adresse, il reprend son air concentré et se penche en avant pour consulter les chiffres en détail. Lucas n'a fait qu'hocher la tête sans émettre un son, mais il se dit que s'il avait un million d'euros qui dormait sur un compte, il le donnerait sans hésiter à Marianne.

Le vieil investisseur bedonnant se tourne vers Lucas et lui demande : « Sur quelles technologies bossez-vous, jeune homme ? » Il répond, laconique, listant les choix techniques opérés pour la base de données, le moteur de recherche, la sécurité de son hébergement, et l'apparence de leur application. Après seulement quelques secondes passées à s'exprimer, ses mains se sont déjà transformées en piscine.

Le vieux bonhomme dans son costume sur mesure n'a pas l'air d'avoir compris quoi que ce soit au charabia technique de Lucas, mais se retourne l'air satisfait vers Marianne et entame enfin la discussion sérieuse : l'argent. « Vous cherchez à lever combien ? Quelle est votre valorisation actuelle ? Tout ça ? Mais comment vous justifiez ce montant ? Comment est la *cap table,* les fondateurs sont-ils encore majoritaires au capital ? De quand date la dernière levée ? Qui sont vos investisseurs actuels ? Ils remettent au pot ? Vous avez vu d'autres fonds ? »

Marianne parle argent comme Lucas parle langage informatique. Le montant de la levée, la valeur de la boîte, ils s'étaient mis d'accord en amont : présenter les chiffres les plus avantageux possibles, pour espérer avoir des conditions potables. Mieux valait montrer qu'on était ambitieux et qu'on voulait des millions plutôt que de tabler sur un montant réaliste mais plus modeste.

C'est maintenant au tour de l'investisseur de montrer ce qu'il a dans le ventre : Marianne et Lucas ne rentrent certes pas encore dans la catégorie des start-up pour lesquelles les investisseurs se battent, mais ils ne sont pas non plus indignes d'intérêt ; et le petit speech de Marianne semble avoir fonctionné. Le vieux bonhomme les séduit à coups de citations de noms influents qu'il compte parmi ses amis proches, et de grands succès de sociétés que contient son portfolio – dont ni Marianne ni Lucas n'ont jamais entendu parler. Il exprime solennellement sa volonté d'aller plus loin que d'investir de l'argent : il veut faire de l'accompagnement, il veut participer aux décisions.

Il conclut en leur proposant d'étudier en détail leur PowerPoint, mais leur fait une vague estimation du ticket qu'il serait prêt à investir, un montant nettement plus vertigineux que ce à quoi Marianne et Lucas s'attendaient, moyennant aussi une part du gâteau nettement plus large. Il clôt la rencontre en leur annonçant un heureux présage : « Je dois parler avec des personnes de confiance avant de prendre une décision ferme. Mais je peux vous dire que c'est sur la bonne voie. »

Sortie du bureau aussi luxueux que poussiéreux du vieil investisseur, et après avoir laissé passer quelques mètres, Marianne se met à sautiller en s'agrippant au sac à dos de Lucas qui, lui, préfère intérioriser son enthousiasme.

— OK, je sais qu'on n'est pas censés se réjouir avant d'avoir l'argent sur le compte. Mais tu réalises... Si ça se passe vraiment ? J'arrive pas à y croire.

— Carrément.

— T'imagines, on va enfin pouvoir lancer la machine, recruter un développeur pour t'aider, faire des RP, balancer de la pub... C'est royal.

— Et hmm... qu'est-ce que tu penses des conditions qu'il nous propose ? Il va prendre une sacrée part du capital quand même... Enfin, si ça se fait, bien sûr.

— Ah ça ? Eh ben, je sais pas, ça m'a l'air correct, non ? Désolée, je suis aveuglée par les zéros, ha ha. C'est clair qu'on va devoir lâcher des parts, mais ça on le savait, non ?

Lucas lui fait part de ses doutes : ils ne connaissent pas la réputation de cet investisseur, les conditions d'investissement lui paraissent peu avantageuses, il ne veut pas prendre de décision hâtive. Après avoir d'abord gueulé un bon coup, Marianne se range à son avis : ils vont demander conseil à Alessandro sur cette potentielle levée de fonds dès le lendemain.

LE MOMENTUM

"Dear optimist, pessimist, and realist – while you guys were busy arguing about the glass of wine, I drank it! Sincerely, the opportunist!"[12]
Lori Greiner, entrepreneure, investisseure et présentatrice TV

Lucas appréhende systématiquement les rendez-vous avec Alessandro. Tout oppose les deux hommes : l'un a la large carrure d'un baryton, une confiance en lui et un charisme sans limite ; l'autre se voit encore comme un adolescent maigrichon, bien que sa dernière poussée de croissance l'ait fait grimper au mètre 85. Du haut de ses vingt-six ans, Alessandro mène d'une main de fer toute une équipe et accompagne les promotions de start-up qui s'enchaînent semestre après semestre ; il connaît les investisseurs de la Silicon Valley, des journalistes britanniques, les cofondateurs des boîtes aux

12. « Chers optimiste, pessimiste et réaliste, pendant que vous vous disputiez pour savoir si le verre était à moitié plein ou à moitié vide, je l'ai bu ! Cordialement, l'opportuniste. »

technologies les plus innovantes. Il a lui-même monté puis revendu des start-up avant d'avoir passé son bac. Lucas n'est jamais qu'un presque trentenaire trop capricieux pour se résoudre à travailler à la Direction des systèmes d'information d'une grosse boîte, se dit-il.

Mais la peur de l'autre mise de côté, Lucas réalise bien qu'une conversation avec Alessandro s'impose. Leur start-up prenait enfin le chemin qu'il attendait depuis si longtemps : de vraies personnes, derrière de vrais ordinateurs, dans le vrai monde, utilisent vraiment l'application qu'il a lui-même développée. Bien qu'il ait au maximum tenté de s'épargner les incessants ateliers « croissance » et « business » auxquels le traînait Marianne, il avait retenu une leçon, une des seules qui étaient parvenues à se glisser dans ses oreilles flemmardes : il faut savoir « saisir le *momentum* ».

De nombreuses start-up attendaient patiemment, quoique non sans angoisse, que ce fameux *momentum* arrive. Il revêtait dans toutes les bouches, y compris celle d'Alessandro, pourtant très cartésien, un caractère assez mystique et incontrôlable. Malgré toutes les techniques de marketing, de business intelligence, malgré les réseaux, les contacts, malgré la puissance des technologies utilisées ; le *momentum*, lui, était indépendant, fumeux, insaisissable. S'il n'arrivait pas, c'était mauvais signe : était-ce le produit dont personne ne voulait ? Était-ce la cible qui n'était pas la bonne ? Était-ce la technologie qui était trop en avance sur son temps ? Personne n'avait de véritable réponse. Mais quand le *momentum* arrivait, « c'est comme l'amour », disait Alessandro « *you know it when you feel it* ».

Lucas le sent, c'est maintenant, son *momentum*. Et il ne se le dit pas uniquement parce que son produit s'est retrouvé en une du site préféré des développeurs web du monde entier. Mais tous les signaux lui semblent au vert : les utilisateurs commencent à affluer, le trafic s'accumule, les e-mails de clients satisfaits aussi. Ce qui se passe quand on « saisit le *momentum* », ça par contre, Lucas n'en a pas la moindre idée. Alessandro, lui, sait.

* * *

« Pourquoi vous êtes allés voir des invest' ? C'est qui ce type ? », demande brutalement Alessandro lorsque Marianne lui parle de leur dilemme, non sans quitter des yeux l'écran de son ordinateur portable.

— Il s'appelle Jean-Christophe Meyer, il a fait carrière en finance chez Roths...

— Jamais entendu parler, la coupe Alessandro. Il veut quoi ?

— Ben, *investir*, sort Lucas sans réussir à retenir une pointe d'ironie.

Sans savoir si c'est la rareté d'une intervention à l'oral de Lucas qui fait lever la tête à Alessandro, où s'il perçoit dans son ironie un besoin urgent d'attention un tant soit peu plus approfondie que des réponses marmonnées entre deux e-mails, Marianne observe avec surprise Alessandro fermer l'écran de son ordinateur et croiser ses mains en signe de concentration.

— OK, je vous écoute.

Marianne ouvre alors son PowerPoint. Elle est comme une élève qui se ferait corriger sa dictée en direct. Alessandro fait défiler les pages et n'y accorde pas plus de quelques secondes.

— OK, OK, ça : OK. Le *P&L* ça va pas du tout mais passons, on verra plus tard. Pas mal tes *slides*, encore qu'on saisit pas bien la vision mais c'est potable. Il t'a dit quoi, le type ?

— Il veut mettre 500 K € pour 33 % de la boîte.

— 33 % ? s'écrie Alessandro. *Post-money* ? Mais vous êtes des malades, vous n'avez pas d'utilisateurs : votre boîte peut pas être valorisée 1 million 5, sinon vous ne pourrez jamais faire de levées de fonds par la suite : si vous cramez votre cash et que vous devez baisser votre valo dans un an, autant vous dire que vous êtes morts. Et puis, à moins que le type vienne au quotidien bosser avec vous, je ne vois pas pourquoi il devrait avoir 33 % de votre boîte. Et vous avez pensé à ce que vous allez dire à vos autres investisseurs ?

Marianne tente de ne pas se démonter :

— Enfin, c'est quand même un demi-million d'euros... Et puis il a dit qu'il voulait mettre son réseau à profit et...

— *Bullshit!* Avoir un mauvais investisseur, c'est pire que d'avoir un mauvais associé ; et vous en savez quelque chose. Ce type est un inconnu au bataillon – si moi je ne le connais pas, c'est que personne ne le connaît. Il vous propose des conditions absurdes en vous faisant miroiter ses gros chiffres. Je vous le dis, c'est un charlatan. Comment il s'appelle ? Je vais lui faire une réputation, moi.

Et Alessandro reprend son ordinateur pour poster sur Twitter un message assassin dédié aux investisseurs véreux qui tenteraient de s'accaparer malignement du capital de start-up. Marianne et Lucas se jettent un regard désespéré. Il lui demande en chuchotant : « On fait quoi ? » Elle se contente de secouer la tête sans lui donner de réponse.

— Bon, reprenons, dit soudain Alessandro en refermant son ordinateur. Montrez-moi ces chiffres ; et il saisit l'ordinateur de Marianne, encore ouvert. Ce pic est juste ouf, vous savez ? J'ouvre ton Google Analytics, OK ? Putain, tous vos utilisateurs sont dans la Vallée... OK, c'est pas compliqué. La question est pas de savoir si vous signez ce *deal* avec ce charlatan ou pas. Les gars : c'est *quoi*, que vous voulez ?

Ni Marianne ni Lucas ne sont très à l'aise avec ce genre de questions existentielles, surtout quand elles sont posées au pied levé, entre deux pages d'un PowerPoint et après avoir statué en deux minutes sur le renoncement à un demi-million d'euros.

— Euh... monter une boîte ? répond timidement Marianne.

— Me pose pas la question ! Ta start-up, c'est ta vie ? Ton produit, les gens en ont vraiment besoin ? interroge Alessandro, solennel.

— Ah oui, le moins qu'on puisse dire c'est que c'est ma vie, oui, répond Marianne.

— Et tes utilisateurs, ton marché, ils sont où ?

— Ben visiblement, en Californie... répond Marianne, aidée par l'amas de points bleus accumulés autour de San Francisco visible sur son ordinateur.

— OK, mon conseil : ne perdez pas de temps avec des investos véreux qui ne savent pas quoi faire de leur ISF. Prenez un billet d'avion demain, allez parler avec les gens qui se sont inscrits, déterminez s'il y a une *traction*, et si oui, allez chercher des fonds là où est votre business.

— Demain ? réagit Lucas, comme demain... demain ?

— Ouais, demain ! Il est quand, ton *momentum* ? Il est maintenant, faut pas perdre de temps.

— Oh là, oh là, j'aimerais bien qu'on se pose trente secondes pour réfléchir un peu.

— C'est tout réfléchi ! Écoute, je vais te présenter les choses de manière simple. On a plus de chances de trouver des billets par terre quand on est un enfant, n'est-ce pas ? C'est logique, on est plus proches du sol. Ben aller à S.F., c'est pareil. T'es plus près de l'argent, des investisseurs, des partenaires. T'es plus près de tout. Et dans votre cas, petits veinards, vous serez plus près de vos utilisateurs.

L'esprit de Lucas bourdonne, et il n'entend pas la référence cinématographique ponctuée d'un rire tonitruant qui clôt le moment qu'Alessandro leur a accordé. De tous les *scenarii* de « saisissement du *momentum* » qu'il avait imaginés, partir au pied levé à San Francisco n'avait jamais été envisagé. Il observe Marianne conclure la conversation avec quelques blagues bien senties, mais devine son effervescence derrière ses joues rosées.

Lucas ne s'était jamais vraiment posé la question de savoir s'il était prêt à partir pour La Mecque des start-up. Il avait monté sa boîte en partie parce qu'il s'était laissé convaincre par Marianne, en qui il avait une confiance absolue, en partie nourri par sa volonté profonde de ne pas suivre le chemin tout tracé qu'on attend d'un développeur de talent : bosser en agence, pour ou avec des multinationales, pour ou avec beaucoup d'argent. En réalité, son statut d'entrepreneur lui était apparu comme une évidence seulement une fois qu'il l'était devenu. Il se sentait chez lui dans le monde des start-up et il était fier de se présenter comme entrepreneur. Les autres lui semblaient un peu moins autres. Il rencontrait des gens intelligents, libres, qui partageaient les mêmes références que lui. Dans ce milieu, tout le monde connaissait les héros de son enfance : des petits génies du code qui avaient transformé radicalement les manières de s'exprimer, d'échanger sur internet ou de stocker l'information. La plupart des gens les voyaient comme des anarcho-libertariens à la limite de la légalité, Lucas les trouvait visionnaires ; et pour une fois, il n'était pas le seul. Les entrepreneurs et la technologie ne faisaient qu'un : son avis et ses compétences avaient un rôle, un impact ; il se sentait valorisé, écouté, entendu.

En plus des blogs de code, il s'était mis à lire des blogs d'entrepreneuriat. Tout le savoir était là, disponible sur internet : comme pour apprendre la programmation, il suffisait de se plonger dans internet pour accéder à la connaissance. Ces points communs à l'entrepreneuriat et au web font que Lucas passe aujourd'hui avec plaisir ses journées le nez dans le code. Entreprendre, c'est un univers ouvert à tous, où règne l'affranchissement des règles et où l'impertinence est valorisée ; le changement y est une valeur en soi. Les limites n'existent pas : lancer des fusées, faire parler des robots, éditer le génome humain.

Le potentiel commercial du produit qu'il développe avec Marianne est presque secondaire pour lui. Il n'a jamais voulu devenir millionnaire, ni avant de s'être découvert entrepreneur, ni après. Dans son esprit, c'est davantage le voyage qui l'intéresse que la destination ; et lorsqu'on lui demande comment il fait pour tenir de longues nuits sans dormir et pour gérer la menace de faillite permanente, il hausse les épaules. C'est généralement ce moment-là que choisit Marianne pour reprendre la discussion en main et sortir quelque bla-bla sur la vision à long terme qui les nourrit au quotidien. Lucas n'est pas franchement convaincu que son produit puisse changer la vie des gens ; générer un peu d'argent, pourquoi pas – mais s'il a réussi à survivre jusque-là sans gagner beaucoup plus qu'un SMIC, il ne voit pas pourquoi ça ne pourrait pas durer encore quelques années. En revanche, ce qu'il aimerait, c'est pouvoir faire grandir la technologie dont il a construit les fondations, relever des défis techniques et mettre au point de réelles innovations. Voire, pourquoi pas, embaucher d'autres développeurs plus sympas et moins prétentieux que Charles. Gagner des millions, c'est l'affaire de Marianne – et même s'il ne partage pas particulièrement son ambition, il trouve que leur duo fonctionne bien ; bien mieux que n'importe laquelle des tentatives de couples amoureux qu'il a vécues. Elle mène la barque et le laisse faire ce qu'il fait le mieux : coder des trucs ultra propres.

« La Vallée », comme l'appelle Alessandro – la première fois que Lucas avait entendu appeler la région californienne de son nom francisé, il avait instantanément pensé à la chanson de Manau, tube pseudo-rap celtico-breton des années 1990, et n'arrivait pas vraiment à se la sortir de la tête depuis – c'est l'eldorado : la concrétisation géographique de tous ses idéaux libertaires et informatiques. S'il se sent chez lui dans le milieu des start-up, à savoir dans son espace de coworking avec Marianne et les stagiaires, il redevient le geek chétif qu'il n'aime pas particulièrement regarder dans le miroir quand il reprend le métro. À San Francisco, Palo Alto, Mountain View, c'est partout qu'il serait chez lui.

Lucas s'imagine un peu la Silicon Valley comme un monde féérique où des fontaines d'eau vitaminée inondent des parcs fleuris au wi-fi haut débit illimité ; où des robots animés par l'intelligence artificielle distribuent des T-shirts à l'effigie de ses modèles : Mark Zuckerberg, Sergueï Brin ou Linus Torvalds. On ne va pas au cinéma, on s'offre des heures d'expérience avec des casques de réalité virtuelle. Tout le mobilier urbain est connecté, pas besoin d'attendre le bus, il passe au meilleur moment, calculé en temps réel en fonction du flux de données reçues – mieux : on se déplace en jet pack pour aller du campus de Google à celui de Facebook. Il sait bien, pourtant, que Palo Alto doit ressembler à n'importe quelle cité pavillonnaire américaine, il a vu les photos des fameux garages dont sont sortis les tout premiers Macintosh et les tout premiers succès du web. Mais il se dit que derrière tous ses fantasmes, il ne peut pas se cacher une vérité décevante. Marianne n'a pas besoin de lui demander son avis : sa valise est déjà prête.

LA VALLÉE

"I just think people from Silicon Valley can do anything."[13]
Elon Musk, inventeur

13. « Je pense juste que les gens de la Silicon Valley peuvent tout faire. »

Tristan tente de convaincre Marianne de le revoir avant de partir – au moins une fois, au moins une heure, à la lumière du jour, pour changer. Elle refuse d'abord catégoriquement, surtout quand elle réalise qu'il veut la voir pour passer du temps avec elle plutôt que pour passer ses mains sur elle. Mais Tristan, avec ses mélodies doucereuses, ses avant-bras et son regard profond, a plus d'arguments que Marianne n'a de parades ; elle se laisse convaincre en se disant que décidément, pour une entrepreneure à la conquête de la Silicon Valley, elle se ramollit.

Elle passe ses dernières vingt-quatre heures françaises à profiter d'instants d'intimité avec Tristan, entrecoupés de réservation de billets d'avion pour Lucas et elle, de constitution d'un semblant de comité d'accueil, et de *to-do lists* strictes pour que les stagiaires aient de quoi s'occuper au moins pendant les trois mois à venir – après tout, ils ne savent pas quand ils vont rentrer.

Sur le point de partir, Marianne reçoit un message d'Alessandro qui lui fait monter les larmes aux yeux : « *Good luck* dans la Vallée – si TU n'arrives pas à monter une boîte, personne ne le peut. *Make smart choices.* » Il était comme ça, Alessandro, il savait toujours quand mettre un coup de fouet et quand adresser un mot d'encouragement.

Étant donné l'état du compte en banque de Marianne et de Lucas, elle leur a pris un billet d'avion en plein milieu de la nuit, ce qui a pour effet de leur faire traverser le globe en sommeil profond, sans même pouvoir prendre le temps de réaliser ce qu'il leur arrive : ils partent à la conquête de l'eldorado des start-up.

À l'arrivée, et malgré leurs cernes, Marianne décide de poster sur Facebook une photo de Lucas et elle, passeport en main, devant le panneau « SFO » de l'aéroport, qui récolte des dizaines de « J'aime » d'entrepreneurs jaloux d'être coincés à Paris plutôt que d'aller vivre comme eux le rêve californien. À la descente de l'avion, pendant qu'ils font la queue pour passer la douane, ils remplissent docilement leurs formulaires d'entrée sur le territoire et prétendent être là pour faire du tourisme – les douaniers, leur a-t-on dit, se méfient maintenant des faux vacanciers qui viennent en réalité faire un maximum de business dans les quatre-vingt-dix jours autorisés par les visas de tourisme. Au-delà de trois mois, ce sont de longues, pénibles et coûteuses opérations qui attendent les *wannabe* entrepreneurs de la Silicon Valley : justification d'investissement et de viabilité de la société, permis de séjour, embauches locales ; au bas mot, il leur faudrait un bon demi-million de dollars pour ne serait-ce qu'envisager l'installation en Californie. Ils en sont très loin, mais le seul air ambiant de l'aéroport de San Francisco fait rêver Lucas à un déménagement : « Tu te rends compte ? On prend un Uber *depuis* la ville où a été créé Uber, San Francisco – on est à la source de… de tout ! », s'exclame-t-il.

Sur le chemin de l'hôtel, dans les embouteillages de la *highway* qui entre directement dans le centre-ville, Lucas et Marianne s'émerveillent des panneaux publicitaires : à gauche, on voit toute une équipe de commerciaux aux vêtements multicolores qui se réjouissent ostensiblement de travailler sur leur logiciel TalkMe ; à peu de choses près, les mannequins pourraient baver des billets de banque, le message passerait tout aussi efficacement. À droite, un hôpital pour enfants est rebaptisé *Marc Benioff Hospital*, du nom de son bienfaiteur et fondateur de Salesforce, une société de logiciels en *cloud* valorisée près de 45 milliards de dollars. Lucas s'en amuse et fait remarquer à Marianne la référence adoptée par une affiche : « *Your SaaS is on the line* ».

— Comprends pas la blague, répond Marianne.

— Mais siii, comme dans le film.

— Quel film ?

— Celui où Will Ferrell est un quinquagénaire vendeur de matelas qui se retrouve à bosser chez Google.

— Hmm...

— Il arrête pas de dire « *on the line* » au lieu de « *online* », c'est hilarant.

— Ah, c'est marrant, répond Marianne sans conviction.

Aujourd'hui, à San Francisco, la Silicon Valley a débordé dans la ville : mère patrie des start-up, elle abrite les grandes sociétés informatiques mondiales, à commencer par Google et Facebook. Depuis le début du XXe siècle, elle a attiré des milliers, peut-être même des millions de jeunes innovateurs du monde entier. Entre l'expansion vertigineuse de Stanford, les investissements massifs du gouvernement pendant les deux guerres, la météo clémente, les lois permissives ou encore la proximité avec l'Asie, les investisseurs sont venus en masse s'installer entre Mountain View et Palo Alto, prêts à déverser leurs millions dans des jeunes pousses prometteuses. Avec le capital mis à disposition, la main-d'œuvre ultra qualifiée qui sort chaque semestre des prestigieuses universités californiennes et l'atmosphère dans laquelle l'appétence au risque n'a d'égal que l'ambition dévorante, l'écosystème start-up californien se nourrit de lui-même.

Les Steve Jobs se contentaient d'un vieux garage de banlieue résidentielle, mais les nouveaux acteurs de l'innovation mondiale sont plus citadins : le San Francisco post-Woodstock n'existe plus. C'est aujourd'hui le cœur battant de l'entrepreneuriat, le système nerveux central des nouvelles technologies, qui déverse par bus entiers les jeunes travailleurs encore obligés d'aller passer leurs dix heures de labeur quotidiennes plus au sud, chez les grands. Les artistes, les hippies et les marginaux, eux, prennent le bus pour aller de l'autre côté du pont, à Oakland, où le loyer reste accessible – pour l'instant.

Aujourd'hui on n'a plus besoin d'aller à Menlo Park pour tester une voiture sans conducteur, un simple Oculus Rift suffit, ou pour rêver aux fusées capables de faire des allers-retours sur la Lune. En plein cœur de la ville, entre un H&M et un Burger King, on développe des technologies radicalement innovantes : des cœurs artificiels, des robots qui ressentent des émotions... Si on va à Paris pour voir les vestiges de la Révolution française, à Prague pour ceux de la Révolution de velours ou à Saint-Pétersbourg pour ceux de la Révolution russe, on va à San Francisco pour être le témoin de la révolution technologique dont on parlera dans le futur.

Marianne et Lucas vont loger quelques jours dans une maison communautaire mise à la disposition d'entrepreneurs du monde entier par un riche homme d'affaires qui se réjouit de donner aux jeunes générations les coups de main qu'il aurait lui-même aimé recevoir. Quand on sait qu'une chambre à San Francisco, en colocation, sans les charges et dans les quartiers moyens, coûte au bas mot 2000 dollars par mois, c'est une bénédiction qu'Alessandro ait dégoté pour eux au pied levé un lit à prix réduit. « C'est à la limite entre SoMa et Tenderloin, hyper pratique, un poil craignos mais ça se boboïse », avait précisé Alessandro.

South of Market – pour la zone au Sud de Market Street, dit SoMa, c'est le quartier start-up de la ville, avait-on raconté à Marianne et Lucas. Il n'y a pas un coin de rue où l'on ne trouve pas une boîte connue : Slack, Eventbrite, même les nouveaux succès français comme Algolia s'y étaient installés, boudant les banlieues pavillonnaires de la Silicon Valley pour être au plus près du cœur du réacteur. Tenderloin en revanche, mieux valait ne pas s'y balader le soir : c'était un terrain conquis par les SDF et les dealers de crack, en plein cœur de la ville – il y a encore quelques années, il était carrément recommandé de ne pas s'en approcher, même en pleine journée. Mais les installations des *headquarters* de Twitter, Uber ou Zendesk aidant, les *crackheads* cohabitent maintenant avec les meilleurs programmeurs du monde.

Au coin de Folsom Street, leur nouvelle maison se dresse maladroitement entre une supérette pakistanaise et un réparateur de vélo qui a l'air d'être fermé depuis les années 1990. Entre la porte de l'Uber et le seuil de leur maison, Marianne et Lucas enjambent des SDF endormis, aux genres indéterminables tant ils (ou elles) sont enfouis sous un amoncellement de couvertures, morceaux de cartons et objets divers. Ils frappent timidement, et en l'absence de réaction, poussent la porte entrouverte. Le sol du salon est presque intégralement recouvert de câbles en tous genres, les uns reliés aux autres par des rallonges et des adaptateurs ; des boîtes de tissus dégueulent de chargeurs de Mac aux quatre coins de la pièce, parsemée çà et là de mugs de café, de bouteilles de kombucha – la boisson énergisante à la mode du moment – de faux Oculus Rift en carton, et de ce qui ressemble aux barrettes de mémoire que Lucas et Marianne s'amusaient à bidouiller ensemble étant enfants.

— Salut, moi c'est Manolo, leur dit un jeune Brésilien assis sur le canapé qui a l'air d'avoir à peine vingt ans. Vous venez d'arriver ? leur demande-t-il en pointant leurs valises du menton.

— Yes, moi c'est... euh... *Mary-Ann*, lui c'est *Loukass*, dit-elle en forçant son accent américain. On arrive de l'aéroport ! Euh, tu sais comment on... euh...

— Y a un tableau dans l'entrée : regardez les chambres qui sont libres ; si y'en a une, c'est la vôtre, n'oubliez pas de vous inscrire. Le type vient récupérer les 200 dollars de loyer en cash tous les samedis, tu peux les laisser sous le tableau avec ton nom dessus. À part ça, c'est chez vous ! *Welcome.*

Il remet son casque sur ses oreilles et se replonge dans son travail. Marianne et Lucas traversent le salon en soulevant leurs valises pour ne pas risquer d'embarquer avec leurs roulettes un câble relié au serveur du prochain Facebook. Ils saluent sur leur passage leurs nouveaux colocataires, qui les accueillent d'un salut de la tête, d'une ferme poignée de main, voire d'un *hug*, selon les coutumes de leurs pays d'origine. Ils se dégotent la seule chambre libre, au deuxième étage à droite. Pas franchement au top niveau des règles d'hygiène de base, elle est néanmoins relativement spacieuse, équipée d'un grand placard, d'un bureau en contreplaqué sans charme et d'un lit king size au sommier kitsch. Un vieux matelas aux ressorts apparents est posé contre le mur, mais semble à peu près aussi accueillant que le parquet.

— Je suis épuisé, dit Lucas.

— Moi ça va, répond Marianne.

— Ça t'embête si je fais une sieste, du coup ?

— Non, non, vas-y, je vais faire un tour.

Alors que Lucas s'écroule sur le matelas, Marianne part à l'aventure, sans 3G ni GPS. Elle sort dans le but de s'imprégner de l'énergie franciscanaise, elle va tâter de la start-up, sentir les vibrations de l'eldorado technologique, s'enivrer des effluves de l'innovation. Elle inspire un grand coup : ça sent la pisse et le cannabis. Tant pis. Elle marche ensuite de longues minutes le long de Folsom Street, sans apercevoir de logos inspirants ni être témoin de scène futuriste. Tant pis. Elle persévère.

Mais sa tenacité est mise à mal par le spectacle abrutissant qui se déroule sous ses yeux trottoir après trottoir et passage piéton après passage piéton. Elle croise des hordes de sans-abri, à l'abandon sur le bitume, étalés les uns après les autres, certains immobiles, d'autres marmonnant des incantations inaudibles. Pas tout à fait « ensemble », les drogués sont côte à côte mais ne semblent pas réellement former de communauté de désespoir. Quelques dizaines de centimètres, voire quelques mètres les séparent, ils ponctuent le trottoir, errant ou hurlant et parfois les deux, la pipe à crack à la bouche. Leurs membres sont frêles et leurs regards vitreux, leur peau tannée comme du cuir par le soleil californien. Certains traînent derrière eux un sac à dos contenant quelques possessions, élimé d'avoir été trop frotté contre la route. D'autres ont installé sous eux un fin matelas de carton ondulé, maigre adaptation à la rue des méridiennes en velours rouge des salons d'opium du XIXe siècle. Marianne voit des seringues dans le caniveau, n'ose pas regarder les pieds nus pourrissants qui dépassent des amas de sacs de couchage ; elle se demande si ce qu'elle sent, maintenant, c'est l'odeur du crack, de l'héroïne ou d'une autre drogue dont elle n'aurait pas connaissance.

Les rares passants que Marianne croise les évitent, sans même leur accorder un regard. Les junkies ne mendient même pas, en fait. Ils restent juste étalés là, à fondre sur le sol, comme s'ils n'espéraient plus que le lendemain leur apporte un regain d'optimisme. Ils ne tentent plus de vivre, ils ne tentent même pas de survivre, poussés par leurs instincts. Ils semblent avoir atteint un autre stade.

Comme des fantômes, ils hantent les rues de Tenderloin ; pâles et transparents, ils sont réduits à des ectoplasmes, des contre-jours d'êtres humains, les corps à moitié plongés dans le sol, murmurant des gémissements d'outre-tombe.

Ne sachant pas de quel côté s'enfuir pour sortir de ce cimetière urbain, Marianne décide de rejoindre les plus hauts buildings qu'elle aperçoit au loin. Le *downtown* des *skyscrapers* lui apportera peut-être la réassurance d'être bien au cœur des États-Unis, terre promise des opportunités, pas celle des oubliés et des toxicomanes.

Elle arrive sur Market Street, où les fantômes sont toujours présents, mais parsemés de part et d'autre de la grande avenue, traversée en son centre par la ligne de tramway et de *cable car*, l'attraction touristique numéro 1 de la ville. Elle rencontre enfin le signe tant attendu du destin : un logo familier, accroché sur la façade d'un building : Twitter. Puis plus loin : Uber, plus discret. Au croisement suivant : Dolby. C'est le week-end et les rues ne grouillent pas, comme Marianne l'imaginait, d'innovateurs pressés et d'inventeurs en vadrouille. Elle croise à peine quelques Uber, et aperçoit des Porsche Cayenne s'engouffrer dans les parkings bien gardés des luxueuses tours voisines. À l'horizon, tout au bout de Market Street, elle aperçoit le centre-ville. Dans son dos, le dénivelé de la rue l'empêche de voir ce qui se cache de l'autre côté du vallon. Marianne décide de rentrer dans leur auberge espagnole après une heure à peine de promenade. Elle préfère décider qu'elle est fatiguée plutôt que d'affronter la déception de la découverte de la ville.

En rentrant dans la chambre, elle trouve Lucas profondément endormi dans un coin de l'immense lit, emmitouflé dans son pull à capuche noir et la couverture volée à la compagnie aérienne enroulée autour des jambes. Marianne se demande bien comment elle va aborder le sujet du couchage avec Lucas ; elle n'a aucune envie d'opter pour le matelas à ressorts, et ne peut décemment pas le laisser y dormir – ça serait néfaste pour sa productivité ; l'option location d'une deuxième chambre ferait rire aux éclats son banquier. Ils vont devoir partager le lit king size jusqu'à leur départ, peut-être tête-bêche. Puisque Lucas est déjà endormi, elle décide de s'allonger à côté de lui, sans bruit, et sans prendre la peine de se changer ou de trouver une couverture. Elle se laisse bercer par les rires de ses colocataires en provenance de la cuisine, qu'elle entend aussi distinctement que si elle était en train de dormir dans l'évier.

L'ACCUEIL

"Whatever you're thinking, think bigger."[14]
Tony Hsieh, cofondateur de Zappos

Le lendemain matin, Lucas se réveille en pleine forme. Marianne n'est pas dans la chambre, il a pourtant l'impression de l'avoir sentie s'allonger à côté de lui pendant la nuit – ce qui n'a pas manqué de soulever des questions quant à leur cohabitation à un tel niveau de promiscuité pendant les prochaines semaines. Il descend dans la cuisine dans l'espoir d'y trouver son associée et un peu de café. La cuisine est vide, il en ouvre alors les placards et lit, amusé, les mots laissés par des générations et des générations successives d'entrepreneurs du monde entier de passage à San Francisco. Un Post-it « *This is my spot* » pointe d'une flèche une chaise. Un papier scotché au-dessus du frigo somme les habitants : « Laissez votre cuisine comme votre serveur : propre et bien rangée ». À l'intérieur, des

14. « Peu importe ce que vous imaginez, imaginez-le plus grand. »

sacs en papier, des restes dans des *doggy bags* et des emballages en carton de *take away* sont soigneusement étiquetés aux noms des résidents. Mais pas de trace de café pour la collectivité. À ce moment, Lucas entend Marianne entrer dans la cuisine: elle lui apporte un grand gobelet en carton plein à ras bord du simili-café au goût de pisse typiquement américain. Le premier jour californien de Lucas commence bien.

Marianne les a inscrits à un programme d'accueil d'entrepreneurs organisé par un réseau francophone – elle ne l'a pas dit à Alessandro, qui se serait moqué d'elle. D'après lui, l'important, c'est premièrement de travailler le plus d'heures possibles par jour, sans quitter son ordinateur, deuxièmement, de rencontrer un maximum d'interlocuteurs et de leur parler de son projet. Ce qui peut paraître contre-intuitif: au royaume de la concurrence et de la compétition, balancer à tout-va son idée révolutionnaire, c'est prendre le risque de se faire voler ses idées lumineuses. «*Bullshit*», avait dit Alessandro – comme souvent. En effet, dans sa logique, l'idée ne valait pas grand-chose, c'était l'exécution de l'idée qui comptait: et obtenir un maximum d'informations pour orienter son exécution de la manière la plus pertinente, c'était là que résidait la clé du succès. Et si un gros poisson avait envie de vous piquer votre idée, eh bien il n'y avait de toutes manières pas grand-chose à faire, il fallait être réaliste. Au pire, il fallait passer à sa prochaine boîte – au mieux, on continuait le combat quelques mois, dans l'espoir de se faire acquérir moyennant quelques millions.

Sur le chemin de la première réunion du programme d'accueil des entrepreneurs français – qui, par chance, commence justement cette semaine-là –, ils répètent leur pitch en marchant en guise d'échauffement. Lucas n'est pas très attentif à leur répétition, il s'émerveille à chaque coin de rue de la présence d'un 7-Eleven, d'un distributeur automatique, et surtout des adresses des start-up qu'il devine: «Ah, on est à ce croisement: c'est là que sont les locaux d'Airbnb! On doit pas être loin de 500 Startups.» Marianne jalouse un peu la culture géo-entrepreneuriale de son associé et l'invite à presser le pas pour ne pas rater la réunion introductive. Lucas argue qu'ils n'ont pas le temps de faire du tourisme-start-up et qu'ils feraient mieux de suivre les conseils d'Alessandro: s'enfermer dans leur chambre et bosser. «Ça on pouvait le faire à Paris, rétorque Marianne. Et puis on va faire les deux, voilà tout.»

Marianne et Lucas poussent la porte en verre de l'espace de coworking où se trouve le point de rencontre de leur programme. La décoration industrielle dans l'esprit de Brooklyn laisse voir des murs en briques volontairement parsemés de traces de plâtre, des canalisations en aluminium le long des plafonds et des poutres de métal noir qui soutiennent une verrière quatre ou cinq mètres plus haut. Il flotte une odeur de café bio et de cookies surgelés. Les bureaux, disposés de manière anarchique dans l'espace sont tous occupés par des travailleurs concentrés, casques audio sur les oreilles, ou en petits conciliabules autour d'un écran d'ordinateur.

Marianne et Lucas sont accueillis par le sourire plein de dents d'une petite brune aux cheveux mi-longs, fluette et les yeux pétillants. «Salut, moi c'est Louise, vous venez pour le Welcome Programme?» Lucas laisse Marianne traiter des détails administratifs, lui ne peut plus détacher ses yeux des petites dents blanches de leur nouvelle guide, et encore moins aligner deux mots. «On se fait la bise?» lui demande-t-elle, et plaisante: «On va passer plusieurs semaines ensemble quand même!» Lucas n'aime généralement pas établir de contact physique avec les autres êtres humains, mais ressent pendant les quelques millièmes de secondes de contact où sa peau frôle celle de Louise une contraction de son thorax qu'il ne peut s'empêcher d'identifier comme du plaisir.

Louise leur décrit le programme qui les attend pour les jours à venir : visite d'incubateurs, d'espaces de coworking et ateliers « Croissance », speed dating avec des investisseurs, moments détente et relaxation autour de cours de yoga, et bien sûr, une soirée de démos et de pitches à l'issue du programme. Le tout ponctué, le soir, d'apéros dans des bars branchés de la ville.

La journée commence directement par la visite de MegaVolts, un espace « de vie et d'apprentissage », comme le décrit Louise, tout sourire. En plein cœur de SoMa, le bâtiment s'élève sur cinq étages d'étendues sans fin de bureaux et d'ordinateurs. Sur le chemin, Louise leur avait vendu un lieu plein de vie, chaleureux, dans lequel l'esprit de communauté comptait nettement plus que l'ameublement ou la déco. En parcourant les étages, Marianne ne trouve pas grand-chose de communautaire au fait d'avoir installé un mini-réfectoire au milieu de l'open space. Derrière les vitres du bar, les mêmes serveuses fatiguées et lasses préparent les mêmes cafés insipides que ceux qu'on trouve au Starbucks ; les locataires des postes de travail sont certes dans la même pièce, mais pas beaucoup plus ensemble que dans n'importe quelle autre endroit doté de quatre murs, d'un toit et de la wi-fi. Chez MegaVolts, on admire la décoration mi-destroy mi-Marie Claire Maison qui semble justifier le montant du loyer, habilement suggéré par Louise. Marianne rit doucement face à cette publicité mal déguisée : elle peut à peine se payer la chambre dans laquelle elle loge et où elle va devoir dormir tête-bêche avec Lucas, en espérant que son voisin brésilien ne ronfle pas trop fort de l'autre côté du mur en papier à cigarettes.

À chaque étage, Louise leur présente des entrepreneurs francophones installés dans la Silicon Valley. Elle les présente brièvement: prénom, nom, société – ces boîtes n'évoquent rien à Marianne ni à Lucas, mais ils entendent leurs camarades commenter à voix basse qu'unetelle est valorisée 50 millions, que l'autre vient de faire une levée de fonds de 3 millions, ou que la dernière est pressentie pour se faire racheter par Google.

Autour d'un déjeuner composé de sandwichs un peu secs et de chips en sachets généreusement offerts par un quelconque sponsor, Louise prend la parole:

« Je vous propose un petit jeu pour toute la durée de notre Welcome Programme. Vous connaissez tous Eric Ries, le fondateur du mouvement Lean Startup? Bon, comme vous le savez, donc, la philosophie « Lean » est une méthode de management pour créer et faire croître des start-up de la manière la plus efficiente possible, principalement en se fondant sur des cycles de développement courts et une itération de tests successifs. Comme toute philosophie, c'est aussi un état d'esprit, et ça demande de temps à autre des prises de recul et des moments de réflexion. Vous allez avoir un programme assez chargé dans les semaines à venir, en plus de votre travail quotidien, c'est pourquoi je vous propose de prendre chaque jour quelques instants de réflexion autour d'une citation célèbre d'Eric Ries. Je vous invite à vous poser avec vos associés et à vous demander si jusqu'ici vous avez mis en place des actions qui vont dans ce sens ou si au contraire vous en prenez le contre-pied. Commençons dès maintenant! »

Louise se retourne et sort d'un coin de table un panneau au format A1 représentant le visage d'Eric Ries surmonté d'une bulle contenant la phrase suivante: « *The only way to win is to learn faster than anyone else.* »

Elle va l'accrocher au mur, aux côtés d'autres citations d'entrepreneurs célèbres : Mark Zuckerberg, Richard Branson et bien sûr, Steve Jobs. « Celles-là, c'est juste pour la déco ! », précise-t-elle.

— Pfouu, quel *bullshit*, pas du tout envie de philosopher sur une citation, quand est-ce qu'on se met au boulot ? demande Marianne à Lucas, assis à côté d'elle.

— Ben, pourquoi pas, c'est vrai que le facteur de rapidité des itérations est au cœur de la méthode « Lean », alors que nous...

— ... Et puis elle me saoule à sourire tout le temps, celle-là, coupe Marianne. C'est pas possible d'être aussi enthousiaste.

— Tu vas pas te plaindre de quelqu'un qui sourit ? rétorque Lucas.

Marianne repense à toutes les fois où lui-même avait médit sans vergogne du premier qui osait lui adresser un mot gentil. Après la visite et avant que ne commence le speech d'un « expert » lambda sur un quelconque sujet « croissance-levée de fonds », Marianne continue de se plaindre à Lucas de l'inutilité de leur programme :

— Bon, je crois que t'avais raison, ça ne sert à rien, en fait. Tu veux qu'on s'éclipse ?

Lucas, pas encore décidé à se séparer de la vision de Louise marchant, parlant, souriant à droite et à gauche, change son fusil d'épaule et répond brusquement :

— Ah ? Non, moi je trouve ça intéressant. Je reste.

Marianne lève un sourcil sceptique :

— T'as changé d'avis, *toi* ? Bon, d'accord...

Lucas réalise bien qu'il n'a pas réussi à camoufler sa frayeur de se priver si vite de la vision de la belle Louise. Il est lui-même surpris de sa réaction. Et il est d'autant plus rare qu'il s'attache à un individu rencontré trois heures plus tôt. Mais Lucas s'en fout, il ne tente pas d'intellectualiser ce qu'il ressent.

Il faut dire qu'il n'a pas vraiment l'habitude de s'enticher de quelqu'un; on ne peut pas dire qu'il soit romantique ni séducteur. Pourtant il ne laisse pas indifférentes certaines femmes, il a les traits dessinés, une perpétuelle barbe de trois jours contre laquelle il a arrêté de lutter et des yeux noirs et profonds. Son peu d'interactions avec les autres et son manque d'appétence pour les normes sociales traditionnelles lui donnent un côté mystérieux et impénétrable qui, bien que totalement involontaire, éveille chez la gent féminine des instincts à la fois maternels et aventuriers. En exploratrices, elles ont envie de déterminer ce qui se cache derrière ce regard lointain et fuyant, espérant y trouver un homme fragile et dépendant dont elles pourraient s'occuper. Lucas n'est pas efféminé pour autant, et s'il n'est pas doté d'une carrure d'athlète, faute de pratiquer une quelconque activité sportive, il reste grand, mince et élancé.

Mais tout ça, Lucas n'en a pas conscience. Il n'aime pas vraiment se regarder dans le miroir et ignore son propre charme. Les rares fois où il a entamé des histoires, ce sont plutôt elles qui avaient fait le premier pas. Il a eu une copine un peu sérieuse, pour qui il a envisagé de quitter son studio miteux et de porter occasionnellement des chemises; mais elle a fini par partir, et lui n'a pas su la retenir. Et toutes les fois où il a pu entretenir des relations d'ordre charnel, il en a été le premier surpris.

Sa vie sexuelle a été nettement compromise, de surcroît, par la création de sa boîte: tout son temps et son énergie intellectuelle sont dorénavant consacrés à sa start-up. Il a bien essayé de rencontrer des filles qui, comme lui, auraient eu besoin d'un peu de réconfort sans perdre de temps à se taper toute la parade nuptiale – c'est bien à ça que servent les applications de rencontre comme Tinder, non? Mais dès l'étape d'ajout de photo de profil et de *swipe* de quelques filles, il s'était senti aussi ridicule que s'il avait essayé de draguer dans un cours de salsa pour sexagénaires divorcées.

Depuis des semaines, peut-être des mois, pas de vie sexuelle pour Lucas, donc, qui jalouse secrètement les dernières échappées nocturnes de Marianne sans pouvoir la détester tout à fait. Il voit bien qu'elle se démène au moins autant que lui, et puis il l'a en sympathie, ce Tristan, en tout cas bien plus que tous les autres qui ont défilé.

Si Lucas n'est pas attentif à l'atelier start-up, Marianne, elle, est soudainement ultra-concentrée. Un entrepreneur plus ou moins renommé, à la tête d'une start-up qui fait parler d'elle dans les médias spécialisés et dont les billets de blog ne manquent pas de se retrouver dans la sélection « À lire » de la plupart des newsletters que Marianne épluche au quotidien, vient partager son expérience. Il s'agit d'Elios Stefi, qui se présente comme un « entrepreneur de la Silicon Valley ». Il dirige une start-up qui développe un logiciel permettant aux entreprises d'améliorer leur support client ; en quelques mois, il est devenu la référence numéro 1. Il est interviewé dans toutes les conférences, invité sur tous les podcasts, cité par tous les classements des « Top Twittos à suivre sur le *Customer Success* ». Être une star du service client, c'est peut-être moins sexy que star de Hollywood, mais c'est déjà être star de quelque chose. Marianne est impressionnée par l'assurance avec laquelle il débarque sur scène, se faisant acclamer comme s'il avait révolutionné la production d'énergie verte ou la création musicale plutôt que le SAV. Lorsqu'il commence son récit, son contenu ne diffère pas vraiment de ce que Marianne et Lucas ont entendu quotidiennement dans leurs ateliers, dans la bouche des investisseurs ou sur les tutoriels YouTube dédiés à l'apprentissage de l'entrepreneuriat. Mais l'entendre de la bouche d'un homme assis devant soi fait un tout autre effet à Marianne.

«Ce qu'il faut que vous compreniez, c'est qu'il n'y a pas qu'un seul type de start-up, leur dit Elios. Le terme est aujourd'hui devenu une nébuleuse informe qui rassemble une quantité d'entités et de concepts : le petit restau de quartier ouvert par des anciens de Stanford va se réclamer "start-up" tout autant qu'un logiciel d'intelligence artificielle qui a le potentiel de se faire racheter par Facebook dans les deux ans. Alors que, soyons raisonnables, un restaurant n'est pas une start-up.

Qu'on ne se méprenne pas : c'est une excellente nouvelle. Si ça peut vous faire plaisir de coller l'étiquette "start-up" sur votre boutique en ligne de taies d'oreiller, tant mieux pour vous ; moi je suis heureux quand les gens créent des business, c'est bon pour la société.

Mais fondamentalement, une start-up, c'est une jeune société qui cherche à croître à une vitesse quasi surnaturelle. Ce n'est pas plus compliqué que ça. Et ça n'a pourtant pas été facile pour moi de l'accepter – les trois boîtes que j'ai essayé de monter avant ma start-up actuelle ont toutes périclité à cause de ça : je n'avais pas compris que monter sa start-up, c'est chercher la croissance. J'insiste : ça doit être votre préoccupation numéro 1, devant toutes les autres.

Je me suis réclamé du mouvement start-up parce que je bossais sur des technologies applicatives et que j'étais seul dans ma cuisine à bosser comme un acharné. J'ai construit des beaux produits, j'ai approfondi ma connaissance de certaines technos, j'ai eu quelques clients. C'était sympa.

Aujourd'hui je raconte fièrement que j'ai monté trois start-up, mais en réalité, je me suis royalement planté trois fois avant de comprendre ce que ça signifiait.

Toutes les leçons de Lean Startup que vous allez écouter, toutes les techniques de *growth hacking* que vous allez tester, les millions de dollars que vous allez vouloir lever : tout ça n'est valable que si vous voulez monter une start-up. Si vous voulez monter un petit site de e-commerce ou un business qui vous rapporte un revenu régulier et confortable, *it's perfectly fine*. Mais ce n'est pas une start-up – et par conséquent, ça ne sert probablement à rien de faire du *growth hacking* !

La volonté de monter une start-up et de la faire grandir est hyper séduisante mais ce n'est pas pour tout le monde ; n'y voyez là aucun jugement de valeur, y a pas de discrimination dans le business : si on veut, on peut. Mais vous êtes les seuls à réellement savoir si ce que vous voulez faire c'est une start-up, ou simplement une PME. Et si vous voulez vraiment monter une start-up, au fond de vous, vous le sentez. C'est une conviction profonde, ça vient des tripes. Ce n'est pas en vous répétant que vous devez être obsessionnel de la croissance que ça va venir comme par magie.

Bon, revenons-en à ma start-up : quelle était la question déjà ? Ah oui, d'où m'est venue l'idée. Eh bien, en créant les trois autres ! J'avais tellement galéré à trouver une solution pour gérer mon support clients – soit j'avais bricolé un truc moi-même qui fonctionnait mal, soit j'avais dû prendre un abonnement ultra-coûteux à une solution en SaaS, complètement surdimensionnée pour mes besoins – que je me suis demandé s'il n'y avait pas d'autres petits businesses comme le mien qui faisaient face au même problème. Vous devinez la réponse ! On a rapidement connu une belle *traction* : il faut dire que notre solution est arrivée sur le marché au moment de l'explosion du phénomène start-up – aujourd'hui, les PME et les TPE représentent un marché colossal. Les gros contrats avec les multinationales ne sont plus si alléchants quand on sait qu'on peut toucher des marchés potentiels de plusieurs milliards de dollars si on crée un logiciel qui répond aux besoins des petites boîtes. »

Le monologue d'Elios continue encore une bonne vingtaine de minutes, il y raconte ses premiers tests, les techniques qui ont fonctionné pour lui, celles qui n'ont pas du tout marché, ses plus grands échecs – il revient notamment sur le départ d'un de ses associés, ce qui finit de convaincre Marianne de le considérer dorénavant comme son nouveau maître à penser. À la fin de son intervention, un des membres du public lui demande où en est son développement et à combien de salariés il est arrivé. Il répond : « Nous sommes cinq, dont les trois fondateurs. »

Marianne se retourne pour partager avec Lucas son effarement : ils sont seulement cinq. Cette même boîte dont elle entend parler sur tous les blogs, dans la bouche de tous les spécialistes, dont le produit est utilisé par toutes les start-up « cool » qu'elle connaît et à laquelle elle fait elle-même appel. Marianne s'attendait à tout sauf à « cinq ». Cinquante l'aurait déjà bluffée, mais cinq... En comptant les stagiaires et Charles, il n'y a pas si longtemps, elle *aussi* était à la tête d'une start-up de cinq personnes – mais niveau résultat, chiffre d'affaires, métriques de croissance et *hype,* en comparaison avec la boîte d'Elios, elle était plutôt à -5000.

Lucas n'est plus derrière Marianne pour recevoir ses plaintes. Il drague tranquillement Louise à côté de la salle des imprimantes. Elle lui lance un regard réprobateur en l'apercevant, le regard vitreux du choc psychologique.

— Ça va ? T'as l'air bizarre, lui demande-t-il.

— Ça va, hâte d'arriver à la partie cocktails du programme.

L'ENTREPRENEUR

"The most impressive people I know spend their time with their head down getting shit done for a long, long time."[15]
Sam Altman, entrepreneur, cofondateur de Y Combinator

Pour fêter le lancement du programme d'accueil des entrepreneurs français, la souriante Louise emmène sa petite colonie dans un bar de Mission, le quartier mexicano-bobo de la ville où se trouvent la plupart des boîtes de nuit – qui ferment à deux heures, faute d'autorisation de vendre de l'alcool au-delà – et des restaurants de tacos – excessivement chers. Lucas est instantanément charmé par l'atmosphère festive «à taille humaine» de Mission. On croise un salon de tatouage tous les deux cents mètres, ça sent le pétard en terrasse, les murs sont recouverts de street art, et plusieurs personnes arborent, comme lui, les pulls à capuche à l'effigie

15. «Les personnes les plus impressionnantes que je connaisse passent le plus clair de leur temps la tête baissée à abattre du travail, pendant très, très longtemps.»

de ses technologies préférées : Ubuntu, GitHub, et pour les plus classes, Y Combinator – du nom de l'accélérateur de start-up le plus prestigieux du monde, par où ont transité des succès planétaires comme Dropbox ou Airbnb.

Lucas sent bien que Marianne boude la ville depuis qu'elle est arrivée, même si elle s'est bien gardée d'émettre le moindre commentaire en ce sens. Il ne comprend pas vraiment sa mauvaise humeur : il se sent bien, lui, au milieu de sa petite colo d'entrepreneurs ; pour une fois qu'il ne rechigne pas à être en groupe. Il n'a pas encore eu l'occasion d'explorer la ville, mais ce qu'il en a vu ne lui déplaît pas. Il y a des Burger King et un peu de soleil sans qu'il ne fasse trop chaud : que demander de plus ?

L'enthousiasme de Lucas n'est que conforté quand ils arrivent dans le bar sélectionné par Louise, une rhumerie sans prétention qui sent le vieux bois imbibé d'alcool et qui semble diffuser 24 h/24 les matchs de football américain. Au fond du bar, on accède à un jardin décoré de guirlandes lumineuses, de tables et de chaises de bric et de broc et en son centre, comble du raffinement : une table de ping-pong. « Génial, du ping-pong ! », lâche Lucas. Louise, qui se trouve à côté de lui, en profite pour lui demander, tout sourire : « Ah t'aimes ça ? On fait une partie ? » Lucas, que la perspective de faire une activité sportive devant une assemblée de start-upers bourrés, et face à la femme de ses rêves effraie quelque peu, saisit néanmoins l'opportunité de tisser des liens avec Louise, et s'enfile une caïpirinha cul sec pour se donner du courage. Heureusement pour l'honneur de Lucas, Louise n'excelle pas franchement au tennis de table – lui non plus, mais il compte grandement sur le fait qu'on puisse penser que, gentleman, il la laisse gagner. Leur nullité commune et leur importante consommation de cocktails les fait rire aux éclats. Les cheveux ondulés de Louise sursautent à chaque coup droit, son petit corps fluet et maladroit tressaille à chaque revers, sa poitrine pourtant camouflée sous un large pull-over *corporate* sautille au rythme des balles manquées.

« Joli coup de poignet ! »

Le public de soiffards encourage le couple de pongistes, la plupart avec une nette préférence pour l'adversaire de Lucas, qui ne s'en sent que plus valorisé.

« Tu l'as mise, trop fort ! »

Lucas prend de plus en plus ses aises. Il se contente de lui envoyer des balles faciles et de rattraper celles qu'elle lui envoie hors de la table. Pour ne pas lui laisser croire qu'il est archinul, il expédie de temps en temps un smash, mais pas trop fort. Censé compter les points, il fait exprès de perdre le fil – il voudrait que la partie dure des heures, pour pouvoir admirer à loisir les gouttes de transpiration perlant sur le front de Louise, entendre le bruit de sa respiration qui s'affole dans l'effort, écouter les gémissements et les tout petits cris qu'elle pousse quand elle s'étire brusquement pour rattraper une balle difficile.

« Prends la en revers ! »

Louise tombe le pull-over *corporate*, réchauffée par les rattrapages de gentils smashes envoyés par Lucas. Il n'en réalise que davantage le potentiel sexuel inattendu d'une partie de ping-pong. Qui eût cru qu'une balle de plastique fluo et une simple table en bois pouvaient faire naître autant d'images érotiques dans son imagination pourtant d'habitude relativement infertile ? Il y a quelque chose de la parade nuptiale dans les échanges. Pris par surprise dans leurs habits citadins, les quelques gestes sportifs et la compétition rapprochent peu à peu les duos de leur animalité : on ne se connaît vraiment bien que quand on a transpiré ensemble et haleté dans l'effort. À défaut de panteler sous les étreintes de Lucas, Louise s'essouffle déjà avec lui : c'est un avant-goût, se dit-il. Un tout petit échantillon, un prélude : il n'a qu'à imaginer la suite. Tenue à distance par le filet qui les sépare, c'est comme si Louise s'effeuillait pendant les préliminaires, en faisant remuer son corps. Selon qu'il rattrape une balle facile, il lui montre qu'il saurait être doux ; s'il renvoie un coup fort et précis, il montre qu'il pourra être fougueux.

Lucas en a fait, des parties de ping-pong : c'est le sport préféré des start-up. Mais c'est bien la première fois qu'il a l'impression que son esprit devient aussi léger qu'une des balles. Lorsque les autres joueurs commencent à s'impatienter de s'emparer des raquettes, ils mettent fin à la partie sans déclarer de vainqueur. Lucas se sent pourtant largement victorieux.

Pendant ce temps, Marianne fait ce qu'on attend d'elle : elle networke. Si elle apprécie le contexte d'un bar en extérieur, des nombreuses caïpirinhas et des guirlandes de loupiotes, elle est moins convaincue par la population. Mélangée aux Frenchies de son groupe et aux clients du bar – qui sont eux aussi des entrepreneurs, mais pas français –, elle se retrouve soudain face à un Américain roux à la carrure de quarterback qui aurait laissé tomber le ballon au profit de la bière. Il arbore un air extrêmement sûr de lui, une casquette des Yankees – ce qui semble relativement risqué en terre californienne – « Est-ce que j'oserais me promener avec un T-shirt du PSG à Marseille ? » se demande Marianne – et une pouliche blonde aux yeux parfaitement vides à son bras. Marianne essaye d'abord de s'enfuir de ce qui lui semble être un traquenard, mais sa position géographique et la surpopulation du bar la condamnent à regarder ailleurs en espérant que son Américain adipeux ne lui adressera pas la parole (ou pire, la pouliche blonde, ce qui a peu de chances d'arriver dans la mesure où elle ne semble pas douée de parole). Alors que Marianne lève les yeux au ciel pour admirer les fameuses guirlandes en sirotant sa caïpirinha, elle entend le gros Américain commander une nouvelle tournée de cocktails pour ses pouliches, qui semblent se multiplier à vue d'œil autour de lui. L'Américain a l'air de se contrefoutre de la présence de Marianne à seulement quelques centimètres de lui et ne semble pas avoir l'intention d'engager la conversation. Coincée, Marianne finit par faire le premier pas, trop honteuse de rester plantée là, seule, à siroter son cocktail.

— Salut, moi c'est *Mary-Ann.*

— Hey, moi c'est Bill, elle c'est Jenny, dit-il en pointant un des doigts qui tiennent sa pinte de bière vers la blondasse pendue à son bras, qui mâchonne un chewing-gum avec un air bovin.

— Et, hmm... qu'est-ce que tu fais dans la vie ? demande Marianne, ne trouvant pas dans le spectacle de ce couple bruyant et mal assorti la moindre aspérité sur laquelle rebondir. Elle ne se voit pas dire à Jenny : « J'adore ton jean à strass, il va merveilleusement bien avec la French manucure de tes faux ongles » ou à Bill : « Vous formez un joli couple, toi et cette nana vraisemblablement mineure et cocaïnomane ! À quand le mariage ? »

La réponse de Bill est imparable :

— *I make millions.*

« Putain, dans quoi est-ce que je me suis embarquée ? » se demande Marianne.

— Ah, ça a l'air d'être... euh, un truc cool, ça, les millions. Et comment tu fais exactement ?

— J'ai ma start-up, répond Bill, laconique, en sirotant sa bière.

— Oui, mais quoi, comme start-up ? demande Marianne, qui préfère au moins achever le semblant de conversation entamée avant de s'enfuir à la première ouverture, histoire de sauver l'honneur.

— Je fais 300 K de *monthly recurring revenue,* j'ai un putain de *churn* de moins de 1 % et un taux de satisfaction client à 100 %. Le timing de mon cycle de vente est de moins de huit minutes par prospect, avec un putain de taux de conversion de plus de 70 %. J'*upsell* 85 % de mes clients après seulement trois putains de mois d'utilisation. En moins d'un an, on a atteint un multiple de croissance à trois chiffres, et j'ouvre un nouveau pays toutes les semaines.

— Ha, ha, répond Marianne, qui n'a rien compris à son monologue prononcé à vitesse grand V. Et tu embauches ? plaisante-t-elle.

— Oui, on *on-board* une dizaine de personnes par semaine ; j'offre un plan d'*equity* avec *vesting* sur quatre ans. Qu'est-ce que tu sais faire ? Chez moi, on bosse sans compter ses heures, on est obsédés par le résultat et si on se débrouille bien, on peut gagner beaucoup, beaucoup d'argent.

— Non mais en fait, euh, je plaisantais. J'ai déjà ma propre boîte. Et qu'est-ce qu'il fait, ton produit, pour avoir tant de succès ?

— J'ai créé un moteur de réservation qui se branche sur les sites comme Airbnb et qui optimise au dollar près le prix des locations.

Face au regard interrogateur de Marianne, Bill approfondit son explication.

— Le prix des locations est fixé par le propriétaire, *right* ? Mais lui, il n'en sait rien de la loi de l'offre et de la demande ; le marché des locations de tourisme évolue heure par heure, selon ton quartier et le type de bien que tu loues. Ma solution détermine le meilleur prix que tu puisses obtenir de ta location, en temps réel.

— Mais euh… je croyais que sur Airbnb, on choisissait un peu ses locataires en fonction des potes qu'on a en commun sur Facebook et des affinités de caractère ?

— *That's fucking bullshit,* moi si je loue un appart' sur Airbnb, je n'attends pas qu'on me demande si je kiffe les chiens et le pédalo ; ça, c'est bien un truc de putain de Français. Je te jure, dit-il vraisemblablement à sa pouliche plutôt qu'à son interlocutrice directe, la seule, la *seule* fois qu'un proprio Airbnb m'a fait chier, c'est en France. Pas vrai, *baby* ? Ils veulent savoir, ouais, si j'ai déjà été locataire, ouais, si j'ai un animal de compagnie, ouais, si je peux pas arriver à un autre moment parce que ça l'arrange pas – c'est du *bullshit* ça, je te file de la thune, je loue ton appart', t'es là pour m'ouvrir, quelle que soit l'heure, et basta. Ta femme de ménage passe derrière moi et on n'en parle plus. Putains de Français ! Ha, ha ! Mon appli, elle est branchée sur tous les sites de location entre particuliers, sur trois continents, et j'ai pas un seul client qui est parti parce qu'il était pas satisfait. Je leur fais gagner jusqu'à 30 % de plus de revenus que ce qu'ils gagnaient avant, et ça leur coûte que 2 % de commission. C'est tout bénef', sauf pour ces putains de Français.

Marianne fait semblant de rire à ces accusations d'anticapitalisme primaire des Français en se noyant dans son cocktail.

— Et toi, elle fait quoi, ta boîte ? lui demande soudain Bill, visiblement lassé d'insulter les Français.

Paniquée à l'idée de devoir présenter son produit encore incertain à un interlocuteur si ubuesque, Marianne hésite quelques secondes avant de répondre. Son embarras est salutaire : un autre Américain, visiblement fan de la même équipe de base-ball, débarque dans leur petit cercle.

« Heyyy Bill, nice to see you! Long time no seee! »

Marianne, délivrée de son obligation de répondre, ne parvient cependant pas à s'évader de son coin de bar, coincée entre le gros Bill, ses pouliches et le nouvel arrivant qui ne lui dit rien qui vaille.

— *Man,* quand est-ce qu'on retourne faire la teuf dans ta villa à Los Angeles ? demande ce dernier, sans prêter la moindre attention à Marianne ni même aux pouliches.

— Quand tu veux, *man* ! puis se tournant vers Marianne, pourtant satisfaite de demeurer dans l'ombre : J'ai acheté une villa près de L.A., un truc incroyable, piscine à débordement, jacuzzi et tout. On y fait des teufs incroyables. Tu te rappelles la dernière fois, mec ? Ha, ha, c'était énorme.

La blonde, toujours en train de mâchonner, acquiesce et intervient pour la première fois dans la conversation : « *It was wicked* ». Ayant réalisé la présence de Marianne, l'autre Américain se tourne vers elle et confirme :

— Un truc de malade mental. Montre-lui les photos, Bill !

— Des photos ? Tu veux voir des putains de photos ? J'en ai, des putains de photos.

Et il balance sous le nez de Marianne son iPhone dernier cri avec des photos de piscine, de soleil et de champagne versé sur des bouches, des seins, et toute une série d'éléments anatomiques divers qui défilent devant les yeux mi-effarés, mi-fascinés de Marianne.

— Ha, ha, y avait de la coke absolument partout ! C'était énorme, se remémore, satisfait, le vieil ami de Bill.

— Là, tu vois, c'est moi qui prends un rail sur le cul d'une meuf. Je te jure, elle avait un cul tellement sublime, j'ai pas pu résister.

Sa copine, hilare, mâchonne de plus belle.

— Ah oui, on voit bien le... euh... zoom sur tes narines.

— On a tous fini à poil dans la piscine, putain.

— Et euh... c'était qui, cette jeune demoiselle ? demande Marianne.

— *That's my best friend!* intervient Jenny.

La limite de Marianne est atteinte, elle prend congé de ses interlocuteurs qui, fidèles à leur américanité, la couvrent de « *It was nice to meet you* » et de « *Take care* ».

Sur le chemin du retour, assis sur la banquette arrière de l'Uber, Marianne et Lucas ne s'adressent pas la parole. Lucas en veut un peu à Marianne de l'avoir arraché aux bras de sa dulcinée, mais Marianne ne remarque pas que le silence, cette fois, cache du ressentiment. Lasse, elle écrit à Tristan sur WhatsApp. Elle tapote sur son iPhone à la vitesse de l'éclair – elle se sent soulagée de discuter avec lui, même si ce ne sont que quelques minutes. Pourtant elle n'est pas tout à fait honnête – elle ne lui dit pas, par exemple, qu'elle ne se sent pas bien dans cette ville, qu'elle est déçue et qu'elle voudrait rentrer, dès le lendemain, et abandonner son projet fou de lancer sa boîte ici. Elle ne le lui dit pas, parce que pour lui dire à lui, encore faudrait-il qu'elle se le dise à elle-même.

* * *

Arrivés dans leur chambre, Marianne et Lucas se trouvent confrontés à la nécessité d'avoir une discussion sur leurs options de couchage. Marianne sait que Lucas ne va pas prendre l'initiative de désamorcer la gêne et Lucas craint que Marianne ne lui demande de dormir sur le matelas à ressorts.

Marianne a soudain une idée lumineuse : « Ah ben puisque c'est l'ambiance colo, si on dormait tête-bêche ? » Lucas acquiesce d'un rire forcé. Elle se retire pudiquement pour aller mettre son pyjama dans la salle de bains, prend son temps pour l'enfiler, calculant le temps qu'il faudra à Lucas pour se mettre sous la couette. Elle se félicite de ne pas avoir oublié de prendre son vieux jogging dans la précipitation de leur départ. Elle frappe doucement à la porte de leur chambre et trouve Lucas assis sur le lit, la couette sur les jambes mais torse nu, ses pectoraux étonnamment musclés éclairés par l'écran de son ordinateur.

— Tu bosses ? demande Marianne en se faufilant sur le matelas, de l'autre côté du lit.

— Je vérifie deux ou trois trucs, marmonne Lucas. C'est bon.

— D'accord, bonne nuit.

— Bonne nuit.

Marianne ferme les yeux, parfaitement immobile pour qu'aucun de ses membres ne frôle par mégarde l'un de ceux de Lucas. Elle ne l'a jamais vraiment envisagé comme un potentiel partenaire sexuel. Elle voyait bien l'attrait qu'il pouvait représenter, ce n'était pas un type vilain ; pourtant elle ne ressentait pas la moindre attirance physique pour lui – c'étaient peut-être les années d'amitié enfantine qui avaient fait se développer chez elle une forme de sentiment fraternel à son égard, ou peut-être étaient-ce les heures passées à s'engueuler, galérer, travailler d'arrache-pied qui avaient définitivement sonné le glas de l'hypothèse d'une relation charnelle.

Lucas espère que Marianne ne peut pas déceler l'excitation que lui procure la promiscuité du corps tout chaud de son associée, bien qu'emmitouflée dans un jogging troué et trop grand. Il s'endort en pensant à sa belle Louise et à son corps frétillant de l'autre côté de la table de ping-pong.

LES LICORNES

"Nobody talks about entrepreneurship as a survival, but that's exactly what it is and what nurtures creative thinking."[16]
Anita Roddick, fondatrice de The Body Shop

Marianne et Lucas prennent leur petit déjeuner dans la cuisine commune avant de se rendre à un évènement au programme de leur accueil franciscanais. Marianne mâchonne ses céréales multicolores sans conviction tandis que Lucas papote avec Manolo – leur voisin brésilien – et ses associés. Le ton de la conversation est animé, tous les colocataires parcourent avidement Twitter et les articles de TechCrunch, le média en ligne « tech » le plus lu dans le monde. Snapchat, le réseau social préféré des adolescents qui permet d'envoyer des photos qui s'autodétruisent en quelques secondes, aurait reçu consécutivement deux offres de rachat, l'une de Facebook, l'autre de Google.

16. « Personne ne parle de l'entrepreneuriat comme d'une épreuve de survie, mais c'est exactement ce que c'est, et ça nourrit la pensée créative. »

— Après qu'un fonds chinois s'est positionné, Facebook aurait offert 3 milliards de dollars cash pour racheter Snapchat. Et les mecs ont refusé.

— Ils ont refusé 3 milliards de dollars ? Mais comment on peut refuser un *exit* pareil ? demande Lucas.

— Ouais, dingue. Apparemment, Mark Zuckerberg aurait d'abord menacé le type, avant de lancer son produit concurrent : « Facebook Poke ».

— C'est quoi Facebook Poke ?

— CQFD : *fail* total.

— C'est pas fini. Lorsque les types ont refusé l'offre de Facebook, Google aurait fait une contre-offre à 4 milliards. *Quatre* milliards. Et les mecs ont encore refusé ! Y en a qui disent pourtant qu'ils ont fait une levée de fonds de 50 millions à une valo de 2 milliards : c'est encore nettement en dessous des offres de rachat ! Ils sont fous.

— Bah, 2 milliards, c'est la moitié de l'offre, quoi... Mais une moitié à 2 milliards. Si j'avais seulement 0,01 % de ça, je serais plus riche que je ne l'ai jamais été dans ma vie, intervient un des colocataires.

— Mais comment c'est possible ? s'étonne Marianne. Je l'ai utilisée trois fois, cette appli, je vois pas l'intérêt.

— Facile : t'es trop vieille ! C'est l'appli préférée des ados, soit *la* cible que n'arrivent pas à choper Facebook ni Google. Vu leur courbe de croissance, ils vont atteindre les 400 millions de snaps par jour. C'est plus que le nombre de photos postées chaque jour sur Facebook.

— Mais c'est quoi leur business model ? À part se faire offrir de l'argent par les géants du web ? demande Marianne.

— Ce n'est pas le business model qui importe : ils sont en train de révolutionner les usages. Les vidéos verticales,

les messages éphémères, le *live*... C'est une révolution. En seulement deux ans d'existence. Ces mecs sont des génies.

— C'est fou... et qui sont les mecs qui refusent des offres de rachat pareilles ? demande Lucas.

— Evan Spiegel et Bobby Murphy. Vingt-trois ans.

— OK, deux adolescents montent une application qui ne rapporte pas un seul dollar et se font proposer un rachat à 4 milliards ?! Qu'est-ce qui est arrivé à l'écosystème start-up ? s'exclame Marianne.

— Ça s'appelle une bulle, et elle va bientôt exploser, intervient l'un des Brésiliens, un stagiaire d'habitude discret et peu affable. Y a qu'à voir les actions de Twitter : les investisseurs se sont rués dessus, puis le prix de l'action a été réduit de moitié. Le montant des investissements est juste démentiel : on parle même plus de licornes mais de décacornes, des boîtes valorisées plus de 10 milliards – et y en a des troupeaux ! Enfin c'est pas tant le montant qui pose problème. On voit des start-up lever des fonds auprès de V.C. pour des sommes aussi importantes que si elles entraient en Bourse, et sans avoir prouvé qu'elles étaient en mesure de générer du profit. Comment est-ce que des boîtes comme ça pourraient devenir cotées par la suite ? Résultat, de plus en plus de licornes, de moins en moins d'IPO. Les choix des investisseurs sont tous motivés par la *hype* du dernier produit cool qui a un peu d'utilisateurs et une belle technologie, pas par la valeur réelle créée. Même les fonds de pension se mettent à investir dans les start-up : on aura tout vu. Et les Airbnb et Uber – qui, j'en conviens, puisqu'ils créent énormément de valeur et révolutionnent les usages, méritent peut-être leur statut de licorne – ne rattrapent pas la flopée de start-up qui ne sont que des coquilles vides gonflées de dollars (ou de yuans !).

De l'autre côté, les start-up croulent tellement sous le fric qu'elles dépensent sans compter. Regarde les loyers que payent nos voisins... et surtout leurs salaires ! Demain je postule chez Google, je gagne minimum 100 000 dollars par an, tout en bas de l'échelle – et j'ai vingt-deux ans. Pendant ce temps, les taux d'intérêt sont microscopiques.

J'arrive pas à croire qu'on laisse faire ça, dix ans à peine après la bulle *dot-com*, en plein désastre économique post-subprimes... Si vous voulez mon avis, d'ici un an ou deux, on va voir arriver la phase critique de la bulle, les investisseurs vont tous paniquer, et la bulle va éclater.

— N'importe quoi, intervient un de ses collègues, les signaux sont complètement différents de ceux de la crise des *dot-com*. Déjà, le montant de ces évaluations a beau être élevé, aussi élevé que pendant la précédente bulle, si tu les interprètes en parts de l'économie globale, on est bien loin des montants de 1999. Si les gros investisseurs qui se frottent habituellement à la Bourse se mettent à investir dans la tech, c'est juste parce qu'il y a plus de croissance dans ces boîtes-là que dans n'importe quel autre produit de placement d'il y a dix ans ! Et puis grosso modo, y a plus d'introductions en Bourse, du coup, il faut bien que les grosses start-up technologiques se financent : c'est juste l'obscurité des résultats financiers des boîtes privées qui nous fait flipper, mais en réalité, les Airbnb et compagnie amassent largement plus d'un milliard de revenus, rassurez-vous.

— Assez d'accord avec toi, ponctue l'associé du Brésilien. Si on devait s'inquiéter des marchés financiers, c'est plutôt le manque d'investissement dans la technologie qu'on devrait pointer du doigt, à mon avis. Si on regarde les chiffres de l'investissement des fonds de capital-risque, ce sont que des petits tickets, dans des jeunes start-up. Ils sont où les millions versés dans les technos radicalement disruptives pour la médecine ? Le transport ? L'énergie ? Dans ces boîtes-là, les millions, ils n'arrivent que bien plus tard, une fois que la boîte a réussi à démontrer qu'elle avait un business model qui fonctionne et qu'elle pourrait générer du revenu.

— Alors que Snapchat... intervient Marianne.

Le Brésilien lui répond :

— OK, Snapchat fait un peu figure de bouc émissaire des « anti-bubble », dans la mesure où les investisseurs sont prêts à prendre des risques relativement élevés pour investir dedans. Et quand t'as l'appli entre les mains et que t'as trente ans, tu comprends pas trop l'intérêt. Mais regarde leurs chiffres de croissance : tu te rends compte de ce raz-de-marée d'utilisateurs ? Ils s'approchent des 100 millions. *How many users do you have?*

— *Not 100 millions,* répond Marianne en se levant pour partir.

***

Lorsqu'ils arrivent enfin au rendez-vous du jour, Louise se précipite sur Lucas.

« Salut Lucas, vous êtes bien rentrés hier soir ? »

Marianne lève les yeux au ciel devant le spectacle lamentable de la guide se jetant aux pieds de son associé visiblement dépassé par les évènements.

— Oui, super, et toi ?

— Ça va, j'ai dû virer les derniers à coups de pied aux fesses ! Et vous logez où, du coup, tous les deux ?

— Dans une chambre d'une résidence d'entrepreneurs sur Folsom street.

— Ah... dans *une* chambre ? demande Louise l'air inquiet.

— Ouais... On dort tête-bêche dans un lit king size, ha, ha ! répond Lucas, gêné. C'est un peu la colonie de vacances finalement.

Louise exprime son soulagement d'un grand éclat de rire et se tourne vers son petit groupe pour leur expliquer le programme de la journée. Son équipe a sélectionné une dizaine d'investisseurs représentant des fonds ou des *business angels* indépendants pour une séance de speed dating . Comme pour trouver un mari ou une femme, il s'agit de passer cinq minutes avec chacun des financiers, leur présenter sa boîte et attendre le chèque. Les investisseurs, eux, rencontrent en une heure un maximum de jeunes pousses et déterminent celles sur lesquelles ils veulent investiguer plus avant. Les entrepreneurs doivent quant à eux rencontrer un maximum de bienfaiteurs potentiels en un minimum de temps. Et même si répéter une douzaine de fois le même pitch de cinq minutes à la suite, face à des interlocuteurs différents, pourrait bien anéantir – nerveusement et physiquement – le plus énergique des orateurs, c'est, semble-t-il, le rôle de l'entrepreneur que de prendre des coups sans broncher.

Lucas a docilement répété le pitch que Marianne avait conçu avec Charles pour ce type d'occasion, même s'il ne se sent franchement pas à la hauteur de la prestation. Charles parlait avec ses mains, souriait, l'air confiant, parvenait à improviser une ou deux blagues. Au mieux, lui, il arriverait à réciter son speech par cœur, sans trop couper les répliques de Marianne ni oublier de points cruciaux. Ce n'était pas faute, pour Marianne, d'avoir tenté de le mettre en confiance, mais il fallait qu'elle se rendre à l'évidence : elle ne ferait jamais de lui un grand orateur.

Lucas et Marianne s'asseyent à la première table de rencontre. En face d'eux, un homme d'une cinquantaine d'années, les cheveux entièrement blancs, les yeux d'un bleu pacifique, l'air plutôt sympathique, n'engage pas de conversation banale et polie. Il les observe, les bras croisés, et quand Louise leur donne le top départ, il se présente simplement : « Mark Bonis, Orchid Capital. Je vous écoute. »

Un peu désarçonnés par cette absence de préambule, Lucas et Marianne commencent cahin-caha le discours qu'ils ont préparé, une ou deux phrases chacun d'abord, pour donner du rythme, avant que Marianne ne se lance dans l'explication du marché cible de leur produit.

L'investisseur les interrompt :

— Permettez-moi de vous arrêter là : je n'investis que dans de potentielles licornes. Votre *addressable market* en est loin. Je pense qu'on peut en rester là, merci beaucoup, dit-il d'un air ferme mais sans méchanceté.

Marianne et Lucas n'en étaient qu'à environ 1 min 30 sur les cinq minutes allouées, mais abasourdis par le rejet brutal de leur interlocuteur, ne protestent pas. Mark Bonis reprend son sourire. « Je vais me chercher un café, vous en voulez ? »

Les deux associés, restés seuls, se regardent, éberlués. Louise s'approche de leur table et leur demande :

— Ça va ? Y a eu un problème ? C'était qui ?

— Mark Bonis, d'Orchid. Non, non, pas de problème. Il a juste dit qu'il n'investissait pas dans les non-licornes.

— Ah mince... Oui, ça risque de se reproduire pas mal, si vous voulez mon avis. En ces temps de menace de « bulle », la chasse aux licornes est ouverte !

Marianne et Lucas ne se sont jamais placés dans cette catégorie de start-up : les licornes, des sociétés non cotées en Bourse et valorisées plus d'un milliard de dollars. Uber, Palantir, Airbnb... Le club est très restreint, moins de deux cents dans le monde. Mais ça n'empêche pas l'ensemble de l'écosystème start-up mondial de se réclamer de la tendance. Depuis plusieurs mois pourtant, les licornes sont dans toutes les bouches. Une nouvelle licorne naît en Europe ? Chacun des vingt-huit États membres s'attribue son succès. Un V.C. prestigieux s'exprime dans la presse ? Il se félicite du nombre de licornes dans son portefeuille. Un nouveau gif animé fait le tour de Twitter ? Il représente une licorne entourée de billets de banque.

Marianne ne s'est jamais réclamée de la tendance, parce qu'elle est réaliste ; Lucas, parce qu'il trouve absolument ridicule cette appellation fantaisiste et qu'il ne voit pas ce qu'il y a à envier à un cheval blanc doté d'une corne imaginaire.

Avant que Marianne et Lucas n'aient le temps de se décourager plus avant, un deuxième investisseur vient s'asseoir à leur table. Puis un troisième. Les échanges insipides achèvent d'épuiser les deux amis, qui répètent inlassablement le même laïus, avec un peu moins d'enthousiasme dans la voix à chaque prestation.

Après six ou sept *speed dates*, un investisseur plus jovial vient s'asseoir en face d'eux. Il leur sert amicalement la main en se présentant : « *Theodore Delavigne, from 4F Ventures – you can call me Theo.* »

Contrairement à leur premier rendez-vous, Theo les laisse parler librement un peu plus longuement, et les écoute attentivement, les bras croisés. Quand Lucas prend la parole pour expliquer la technologie, l'investisseur se penche vers lui comme pour boire ses paroles.

Marianne n'aime pas que les investisseurs se tournent systématiquement vers Lucas pour parler de sa techno. Ce n'est pas qu'elle se sente les épaules de répondre à toutes les questions techniques, mais elle se sent dépossédée. D'après ce qu'elle peut voir, l'inverse n'est pas vrai et Lucas n'a pas l'air de souffrir du manque d'opportunités de s'exprimer sur le *P&L* et sur le *cash flow*. Mais à chaque fois qu'il prend la parole, elle le sent bien, les V.C. sont un peu fascinés ; est-ce qu'ils ne le seraient pas s'il apprenait à gérer aussi la partie business ? La difficulté de l'apprentissage du business n'était en rien comparable à celle du code. Marianne avait appris l'entrepreneuriat sur le tas, et ce n'était pas son master en marketing qui lui avait donné les clés de compréhension de la croissance. Lucas, lui, codait depuis toujours et maîtrisait un nombre de technologies impressionnant : une prouesse que Marianne ne pourrait jamais atteindre, même en s'y mettant à temps plein pendant les dix prochaines années. Marianne ne réalise pas que du point de vue de Lucas, l'inverse est vrai aussi : il se sent totalement incapable de prendre des décisions managériales, de porter une équipe ou de convaincre un investisseur. Il pense qu'il serait bien incapable, même contraint et forcé, de vendre un pull-over à un esquimau.

D'habitude, les investisseurs que rencontrent Marianne et Lucas passent brièvement sur les parties techniques ; en partie parce qu'ils sont désarçonnés par la discrétion et le manque de charisme de Lucas, mais surtout parce qu'ils n'y comprennent rien. Theo, lui, au contraire, fixe toute son attention sur Lucas. Il le bombarde de questions, techniques puis moins techniques, et ignore absolument Marianne.

Marianne est d'autant plus vexée qu'elle a renoncé au sommeil depuis des jours sans broncher, a arboré son plus beau faux sourire et n'a même pas exprimé ses doutes à Lucas. En guise de récompense pour ses efforts, on la met de côté en l'espace de 3 minutes et 40 secondes. « Et dire que ce sont les mecs comme Bill qui font des millions, ici... », se dit Marianne, désabusée. En faisant remonter Bill et leur échange haut en couleurs de la veille dans sa mémoire, Marianne opte soudain pour l'improvisation. Elle utilise ce qu'il lui reste d'énergie, sans vraiment réfléchir, et s'impose dans la conversation un ton plus haut que Lucas et Theo, en les interrompant brusquement.

Elle aussi est capable d'aligner des données et des pourcentages à la vitesse de la lumière. Elle aussi, elle sait ce que c'est le *monthly recurring revenue*, le *churn* et le taux de conversion. Elle n'a peut-être pas les mêmes chiffres que Bill, elle n'a pas « ouvert » trois continents et elle n'embauche pas toutes les semaines, mais elle connaît sur le bout des doigts les pics de trafic, de visites et de nouveaux comptes que sa boîte a générés ces dernières semaines.

Elle s'élance dans un monologue fulgurant fait de chiffres clés et de métriques de croissance, qui tombe comme un cheveu sur la soupe dans la conversation cordiale entamée par Lucas et Theo. Lucas la dévisage : elle ne ressemble en rien à la Marianne discrète et un peu triste avec qui il partage sa découverte de San Francisco depuis plusieurs jours. Elle est comme possédée, prise d'une crise de statistiques de croissance : les yeux écarquillés, elle se fout complètement du silence gênant qui s'est installé entre eux trois. Theo l'observe, mi-amusé mi-effrayé. Lucas tente d'intervenir mais elle pose fermement sa main sur son genou pour le faire taire.

« Ils veulent des licornes ? Je vais leur en balancer, du marché de licornes », se dit Marianne. En même temps qu'elle parle, elle effectue de rapides calculs : si elle ajoute à leur marché actuel ceux qu'ils avaient envisagé d'attaquer puis oubliés au profit d'une amélioration fonctionnelle, elle peut arriver à quelques dizaines de milliards. Elle s'élance dans la description de leur stratégie de croissance à cinq ans, continent après continent et million après million. Lucas ne pipe mot – il semble boire ses paroles, non sans reconnaître quelques idées avancées par Charles, des mois auparavant, et balayées par Marianne qui les trouvait irréalistes.

Le gong de la fin des cinq minutes vient interrompre la transe de Marianne – qui était de toute façon arrivée au bout de ses capacités d'improvisation. Elle s'affale sur sa chaise. Lucas regarde Theo, inquiet. L'investisseur marque une pause, scrute Marianne, puis Lucas, et leur lance :

— OK, envoyez moi votre présentation, on se recontactera.

Theo parti, Lucas se tourne vers Marianne :

— M... mais qu'est-ce qui t'a pris ?

— Je sais pas.

— D'où tu sors ces chiffres ? On n'a pas du tout 60 % de taux de conversion.

— Sur la période Hacker News, si. J'avoue, si on fait une moyenne, on en est loin. J'ai un peu déconné. Je sais pas ce qui m'a pris.

— Ben, ouais, mais enfin, ça a porté ses fruits ! C'est le premier qui demande à nous revoir. Bon OK, t'as menti sur les chiffres...

— Bof, j'ai sélectionné les vérités, quoi. Ça passera clairement pas l'étape des *due diligences* de toute façon – mais c'est vrai que ça fait vachement plaisir. Putain je sais pas si je peux recommencer le moindre pitch, ça m'a ruinée.

Heureusement pour eux, la séance de speed dating s'achève et tout le monde retourne instantanément à son écran d'ordinateur. Alors que Marianne sort boire un café et que Lucas se replonge dans son code, le premier investisseur de la journée, celui aux yeux bleus perçants et obsédé par les licornes, se faufile à côté de lui :

— Je vous laisse ma carte. Si jamais votre... votre truc ne fonctionne pas, appelez-moi. Avec vos compétences techniques, je peux vous placer dans une de mes boîtes. Au bas mot, vous gagnerez un salaire de 300 000 dollars annuels. Réfléchissez.

— M... bb... quoi ? Euh, merci.

Et l'investisseur disparaît aussi vite qu'il était apparu.

LA MÉDITATION

"Bad shit is coming. It always is in a start-up. The odds of getting from launch to liquidity without some kind of disaster happening are one in a thousand. So don't get demoralized."[17]
Paul Graham, cofondateur de Y Combinator

Quelques jours plus tard, la pimpante Louise propose à sa colonie une activité pour se vider la tête du travail acharné qu'ils fournissent. Une activité par ailleurs typiquement franciscanaise et pratiquée par de nombreux entrepreneurs : une séance de méditation transcendantale.

— OK, il est hors de question que je foute les pieds dans un cours de méditation. Absolument *hors de question*, annonce Marianne.

---

17. « Les merdes arrivent. Elles arrivent toujours dans une start-up. Les chances de passer du lancement à l'entrée en Bourse sans qu'aucune forme de catastrophe ne survienne sont d'une sur mille. Alors ne soyez pas démoralisés. »

Lucas, lui, n'a pas spécialement envie de se joindre non plus à un cours de méditation – en quoi elle est « transcendantale », ça, il l'ignore – mais ne peut se résoudre à passer un après-midi sans Louise. Il répond :

— OK, ben, on se retrouve tout à l'heure alors.

— Quoi ! Tu y vas ? Putain, l'amour ça fait vraiment faire des trucs de dingue, jette Marianne à son associé avant de lui tourner le dos.

Lucas ne proteste pas, il s'étonne toujours un peu plus des réactions de son associée – qu'il attribue en grande partie au mystère que constituent pour lui les femmes. Par ailleurs, il a l'habitude de faire des activités seul. Lorsqu'il passe trop de jours d'affilée enfermé chez lui, il va en solo au cinéma. Il a rarement quelqu'un qui l'accompagne faire les courses ou consulter un médecin. Des années de pratique de la solitude l'ont largement désensibilisé à la gêne. Il se contente de se joindre au mouvement de foule qui se dirige vers le pâté de maisons voisin ; petit à petit, les conversations démarrent : on commente, on critique et on discute les choix techniques de différentes start-up du moment. Lucas est invité à prendre part aux discussions, il rebondit, il interroge. C'est finalement lancé dans une conversation en plein milieu du groupe qu'il arrive devant la salle de yoga.

Lucas s'installe pieds nus sur un tapis dans une salle plongée dans la pénombre et à l'odeur d'encens. Une superbe jeune femme au teint hâlé, à la carrure d'athlète et aux longs cheveux bruns est assise au centre et invite d'un geste lent Lucas et le reste de la colonie à s'asseoir autour d'elle. Ses yeux de biche, sa peau de cuivre et le noir profond de ses cheveux épais lui donnent un air de Pocahontas. Lucas est aussi mal à l'aise qu'il est ravi de pouvoir admirer cette belle plante pendant l'heure qui va suivre. Toujours le plus calmement du monde, leur prof leur suggère de s'installer dans la position qui leur semble la plus confortable; par mimétisme, tout le monde s'assied en tailleur sur son tapis. Avec la voix douce et profonde d'un hypnotiseur, elle entame:

— Je m'appelle Naoumé. Je serai votre guide pour cette séance de méditation guidée aujourd'hui. Si c'est votre premier voyage au cœur de votre conscience, n'ayez crainte. La méditation guidée a pour vocation de vous donner accès aux confins des pensées et des émotions qui naissent dans votre esprit, et de vous permettre d'atteindre un état d'éveil libre et détendu, un état parfaitement pur et silencieux. Ce programme a été expressément conçu pour les entrepreneurs, et stimule tout autant les mécanismes de la relaxation que ceux de la créativité et de l'intelligence. Je serai à vos côtés pendant toute la durée de votre parcours; soyez attentif à votre propre lumière, et laissez-vous bercer. Nous allons commencer.

Une vague de rires étouffés parcourt l'assemblée de startupers sceptiques – le choc est assez abrupt après la cadence tayloriste des pitches qu'ils ont dû suivre pendant le speed dating. Lucas regarde Louise, inquiet, qui lui répond, comme toujours, d'un sourire amusé. Voyant l'ensemble de l'assemblée se prêter au jeu, fermer les yeux et obtempérer aux injonctions de l'envoûtante Naoumé, Lucas finit par cesser de jeter des regards inquiets à Louise et se concentre sur son cours de méditation.

Concentrez-vous sur votre respiration. Sentez l'air parcourir vos cavités nasales, vos poumons, puis petit à petit l'ensemble de votre poitrine.

Lucas se demande si Louise lui jette aussi des regards en coin quand il a le dos tourné. Puis il se demande s'il a bien poussé en production le dernier bout de code qu'il a bricolé entre deux activités du Welcome Programme.

Visualisez le problème qui vous a causé du souci cette semaine – donnez-lui la forme que vous voulez. Pensez par exemple à votre churn. *Votre* churn *devient une petite chèvre.*

Lucas reçoit une notification sur son téléphone à chaque fois qu'il perd un client. Son *churn* est son problème numéro 1 depuis qu'il a lancé sa boîte avec Marianne. Il se demande plutôt comment il va arriver à inviter Louise à boire un verre, dans la mesure où :

1. il n'osera jamais, et

2. il n'a même pas d'argent pour se payer un Coca. Marianne et lui comptent largement sur les buffets gratuits payés par les sponsors pour se nourrir.

Laissez la petite chèvre partir au loin, laissez-la s'échapper, visualisez votre bête noire s'envoler – il ne reste plus de place que pour la lumière.

Lucas ne visualise aucune chèvre, en revanche il voit son code défiler sous ses yeux, d'abord lentement, puis à toute vitesse, comme sur les écrans de *Matrix*. Il pense aux migrations non effectuées, aux failles de sécurité, à Charles, à son stagiaire dont il n'est plus sûr de connaître le prénom.

Sentez votre boule d'énergie au cœur de votre sternum – elle soulève votre poitrine et diffuse son pouvoir le long de vos membres.

Lucas se concentre sur les kaléidoscopes qu'ont créés les résidus de rayons de lumière douce derrière ses paupières closes. Il voit les boules de lumière se déplacer d'un œil à l'autre, éclater en feux d'artifice, disparaître avant de se recréer spontanément dans l'obscurité de ses yeux fermés. Peu à peu, les lignes de codes disparaissent, Charles aussi. Même le sourire de Louise quitte l'esprit de Lucas, qui n'est plus concentré que sur les boules lumineuses qui parcourent ses paupières closes. La voix de Naoumé n'est plus qu'un lointain murmure, il ne distingue plus les phrases mais se laisse bercer par leur sonorité grave et douce.

Les boules de lumière finissent pas former des silhouettes dans l'esprit de Lucas. Il se voit, avec Marianne, enfants, en train de monter et démonter des unités centrales. Autour d'eux, une prairie s'étend à perte de vue. Lucas secoue la tête et se voit lui-même, adulte, observant son double enfant et celui de Marianne, et tirant sur sa clope électronique. Tous les trois entament une course au milieu de la prairie, abandonnant unités centrales et cigarette.

Noaammhhhrespiration... hhmmmiiicalme... chakras... bboouuullgghhh.

L'herbe de la prairie imaginaire de Lucas se transforme petit à petit en lignes de code vertes sur fond noir, celles que Lucas parcourait mentalement un peu plus tôt. Lucas et Marianne enfants sautillent gaiement d'un caractère à un autre pour éviter de tomber dans le vide, mais soudain, Lucas sent qu'il perd l'équilibre. Il entend un vrombissement derrière lui : un troupeau de licornes blanches dont la corne multicolore et scintillante s'élance à sa poursuite. Lucas veut protéger son double enfant et son associée, mais ils ont déjà disparu. Au lieu de courir, il reste paralysé, debout sur le point d'un « i » et se laisse envelopper par le troupeau d'animaux mystiques galopant tout autour de lui. Il se cache d'abord le visage, se protège la tête machinalement ; c'est quand il ose enfin relever la tête que les traits plus précis de la morphologie des membres du troupeau se dessinent devant lui. Même si les licornes filent à toute vitesse, il peut distinguer leur échine à quelques centimètres de lui, il ne peut même voir que ça, tant leur forme est bizarre et dérangeante : il réalise avec horreur qu'elles portent toutes les traits de son propre visage.

Lucas ne peut retenir un hoquet d'effroi et ouvre les yeux. Il a dérangé l'ensemble du groupe de méditation : certains le dévisagent et d'autres, toujours en lévitation ou simplement profondément endormis, l'ignorent. Naoumé, la voix toujours aussi douce, reprend le cours de son accompagnement : « Aucun problème, susurre-t-elle, ça arrive. Concentrez-vous sur votre respiration et votre présence au monde. »

Lucas, n'ayant aucune envie de se replonger dans une course-poursuite avec des licornes à son effigie, fait seulement mine de refermer les yeux mais passe le reste de la séance à regarder le plafond.

De son côté de la ville, Marianne cède à la tentation de tester le dernier sport à la mode dans la Silicon Valley – elle aussi a fini par se renseigner sur les us et coutumes de la ville. Une entrepreneure rencontrée autour d'un buffet gratuit lui a conseillé de tester le SoulCycle. Son argumentaire était imparable : elle avait d'abord présenté la réussite commerciale de l'entreprise avant de s'étaler sur les bénéfices d'une séance sur les performances cardio-vasculaires et la cellulite. Du point de vue financier, les fondatrices de SoulCycle, parties de rien, avaient bâti un empire, aujourd'hui coté en Bourse et valorisé à plus de 100 millions de dollars. Le concept : proposer des cours de *cycling* – soit du bon vieux vélo d'appartement – dans une salle sombre, surchauffée, et confier à des instructeurs tout droit sortis des forces spéciales le soin de motiver leurs clients sur fond de techno et de stroboscopes. Au-delà de la séance de sport – qui doit brûler pas loin de 600 calories en quarante-cinq minutes – c'est toute une philosophie de la performance, de la santé et de la forme physique que véhicule SoulCycle. Né à New York, le business s'est rapidement exporté partout aux États-Unis, et est aujourd'hui la coqueluche des businesswomen, et même de certains businessmen.

Marianne n'avait pas bien su déterminer pourquoi elle était attirée par l'idée d'aller pédaler dans le noir et la chaleur pendant une heure, sur de la musique électronique, mais elle était charmée. Elle avait donc réservé un cours en ligne, loué des baskets, et pour s'échauffer, avait opté pour les vélos mis à disposition par la ville. À peine arrivée à l'adresse de la salle de sport, elle est déjà en nage d'avoir monté puis descendu successivement trois côtes.

En retard, elle se faufile, ses chaussures de cycliste aux pieds, jusqu'au dernier vélo disponible, guidée dans la pénombre par les bandes de tissus fluo de la tenue du professeur, réfléchies par la lumière noire de boîte de nuit. Autour d'elle, une trentaine de sportifs est déjà en train de pédaler, tous au même rythme, sur les premières mesures d'un tube de Rihanna qui atteignent un niveau de décibels probablement illégal dans l'Union européenne. Elle met quelques secondes à comprendre comment fixer ses chaussures aux pédales et comment régler le niveau de difficulté du pédalier. Elle est brusquement rappelée à l'ordre par l'instructeur coréen qui l'interpelle : « *Hey, newbie, start cycling!* » Docile, elle obtempère, alors que de grosses gouttes de transpiration coulent déjà le long de son front tant la température ambiante est digne de celle d'un sauna.

L'instructeur, aussi grand que large d'épaules, aboie sur ses cyclistes en indiquant les mouvements à effectuer : en danseuse, puis assis, les coudes posés là, puis ici, les fesses en arrière, on pédale à l'envers. Il parcourt les rangées de sportifs soufflant et crachant et attribue à chacun un mot d'encouragement, hurlant pour couvrir le niveau sonore de la musique : « Plus vite ! C'est pas comme ça que tu vas rentrer dans ton bikini ! » – « Tu te crois en balade à vélo avec ta grand-mère ? Appuie plus fort ! » – « Allez on passe aux poids, choisissez 500 g ou 1 kg – Non, toi, tu prends 1 kg, tu crois que je t'ai pas vu ? »

Marianne enchaîne les mouvements péniblement, son rythme cardiaque ne cessant d'augmenter. Au fur et à mesure de la séance, la lumière baisse de plus en plus : elle distingue à peine les silhouettes des autres cyclistes dans l'immense miroir recouvert de buée qui leur fait face. Un amas d'épaules, de fronts transpirants et de cuisses luisantes remue presque au même rythme. Les lumières rouges, noires, et les reflets des serviettes blanches éclairées de fluo ajoutant au surréalisme du tableau, Marianne laisse son esprit divaguer sur les tonalités de Beyoncé, ferme les yeux pour ne plus sentir l'acidité de la sueur au coin de ses paupières, et se concentre sur la brûlure de ses cuisses et sur ses mains glissant sur le guidon d'aluminium. Elle oublie qu'elle a faim, qu'elle n'a quasiment pas dormi depuis des nuits, qu'elle est à San Francisco, qu'elle est CEO. Elle pédale encore un peu plus, encouragée par les aboiements de son instructeur coréen, l'énergie du groupe qui la pousse à se dépasser et les basses techno qui résonnent dans ses oreilles. C'est seulement quand elle est au bord de l'évanouissement que le rythme décélère : le groupe pédale d'abord plus doucement, puis plus du tout, et s'étire les mollets et les bras avant de filer sous la douche. Quand Marianne sort de la salle, elle est intégralement trempée de transpiration, vannée, ses oreilles bourdonnent, mais elle se réjouit d'avoir pu, pendant quelques minutes, oublier qui elle était.

LE CONCURRENT

"When I go sailing, I look around... anyone wants to race? I just love competing as opposed to just going out and watching the sunset."[18]
Larry Ellison, cofondateur d'Oracle

Lucas observe, inquiet, les yeux cernés de Marianne tandis qu'elle chausse ses baskets. Il se sent relativement impuissant face à son associée qui faiblit, une situation inédite. Il se rassure en se disant que s'il l'entend tapoter sur son téléphone avant de s'endormir c'est qu'elle écrit à Tristan et que ce dernier fait son boulot de réconfort – encore qu'il doute un peu de la capacité de Marianne à se confier. Elle s'est décidée à aller courir pour soigner les courbatures du SoulCycle de la veille. Sans un mot, elle sort de la maison et part vers l'ouest dans l'espoir de rejoindre le Golden Gate Park. Elle

18. « Quand je sors en voilier je regarde autour de moi... Quelqu'un pour faire la course ? Je préfère la compétition plutôt que simplement sortir et regarder le coucher de soleil. »

court d'abord le long de Market Street, mais déprimée par les buildings modernes, les logos de start-up à succès et l'odeur de pisse, elle prend rapidement les petites rues et s'enfonce dans Mission. Elle se sent déjà plus à l'aise au milieu des Mexicains et des bobos – les bâtiments sont moins hauts, les sans-abri ont le regard moins vide et les habitants ont moins l'air d'avoir tout juste encaissé un gros chèque. Lorsqu'elle arrive à Dolores Park, elle réalise qu'elle a dérivé beaucoup trop vers le sud. Elle se faufile entre les vacanciers, les hippies et les stagiaires allongés sur l'herbe, jonglant ou s'envoyant des ballons ovales, pour aller profiter de la vue qui surplombe le parc. Elle reprend son souffle en admirant les *skyscrapers* au loin qui se détachent sur le ciel bleu, et la foule multicolore qui remplit par endroit le fond d'herbe verte, donnant au paysage qui se dessine sous ses yeux un air pointilliste. Elle trace vers le nord, pour éviter les montagnes infranchissables de Dolores Heights et Twin Peaks, et rejoint Haight-Ashbury, l'ancien quartier hippie devenu un haut lieu du tourisme – l'équivalent parisien de la place du Tertre : chargé d'histoire mais manquant cruellement d'authenticité. À San Francisco, c'est le seul quartier où l'on peut se procurer un T-shirt Woodstock vintage hors de prix ; à Paris, c'est celui où l'on se fournit en croûtes décoratives aux couleurs de Montmartre. L'office du tourisme a visiblement le sens des affaires puisqu'il reste dans la rue des vieux beatniks, le pétard au bec, prêts à conseiller le touriste égaré sur une bonne boutique de vinyles. Marianne fuit les nuages de fumée de cannabis pour rejoindre Oak Street et court d'abord le long du bras de verdure qui mène à l'immense parc.

Elle traverse ce qui pourrait bien être une autoroute avant de s'engouffrer dans les chemins de béton puis de terre qui zèbrent l'immense étendue d'herbe et de forêts. Au cœur de certains recoins du Golden Gate Park, on pourrait se croire au fin fond d'un parc naturel, à mille lieues d'une grande ville – un isolement et une pénombre que ne manquent pas d'exploiter les trafiquants et les prostituées. Marianne croise des familles chinoises en pleine partie de badminton, des yogis hindous en pleine séance de relaxation et des hippies cosmopolites en pleine séance de fumette. Les parterres de fleurs succèdent aux groupes d'adolescents jouant de la guitare, et elle atteint la California Academy of Sciences, connue pour ses pingouins et son alligator albinos.

Marianne avance au trot depuis plus d'une heure, elle a dépassé le stade où l'on ressent la douleur et pourrait encore continuer longtemps : ce n'est pas la fatigue physique qui la stoppe, mais le spectacle soudain d'un panneau publicitaire sur un arrêt de bus. À San Francisco, les pancartes ne font pas la promotion de jeans ou de crèmes amincissantes, elles incitent des start-up technologiques à choisir d'autres start-up technologiques comme pourvoyeuses de services à haute valeur ajoutée. Sur l'arrêt de bus d'Irving Street, où Marianne s'arrête pour laisser passer les voitures en sautillant d'un pied sur l'autre, elle lit avec effroi l'offre soldée d'un produit rigoureusement similaire au sien.

Marianne arrête de sautiller et laisse les battements de son cœur s'emballer en s'approchant de l'Abribus. Le logo n'est pas le même, le nom non plus – le slogan lui, pourrait être le sien, mais mieux formulé. Les quelques phrases descriptives de l'offre résument en tous points ce que devrait être celle de Marianne et Lucas au terme des quelques semaines de développement qu'ils ont prévues. Sauf qu'eux n'ont pas d'affiches publicitaires sur les arrêts de bus de San Francisco, ni de clients à l'air souriant représentés grandeur nature sur du mobilier urbain.

Comment Marianne a-t-elle pu passer à côté de cette information ? Elle qui fait une veille quotidienne de la concurrence, du marché et plus globalement des tendances du web et des start-up ? Peut-être a-t-elle été moins disciplinée ces derniers temps ? Entre les départs, les bugs, les concours de pitch, les rendez-vous investisseurs, les déménagements... Peut-être est-ce la faute de Tristan ? De tout ce temps qu'il lui a quémandé pour dîner, se balader au parc, s'adonner aux préliminaires : c'était peut-être à cause de lui qu'elle s'était laissée aller.

Toujours est-il qu'elle a ignoré l'existence de son concurrent numéro 1, depuis sa naissance jusqu'à ce qu'il ait les moyens de s'offrir une campagne de publicité sur les Abribus les plus prisés du monde : ceux qui protègent de la pluie les développeurs mal réveillés qui vont au bureau gagner leurs centaines de milliers de dollars et construire les technologies de demain. Il aurait fallu à Marianne l'ensemble du capital accumulé depuis le début de la vie de sa start-up pour pouvoir se payer une petite publicité sur un arrêt de bus paumé dans les quartiers résidentiels. Y a-t-il d'autres encarts dans la ville ? Marianne n'en a pas vu sur le chemin de l'aéroport, mais maintenant qu'elle y pense, elle a la sensation de connaître ces visages souriants et ce logo moderne. Le choc, ajouté à l'heure et quart de course intense, donne le vertige à Marianne, qui commande rapidement un Uber pour rentrer chez elle.

— Ça va ? lui demande Lucas quand elle rentre. T'es à la fois très blême et très rouge.

— Franchement Lucas, je suis désolée, je vais pas pouvoir enjoliver la situation : c'est la merde.

Lucas observe les yeux de Marianne emplis de larmes pour la première fois. Enfin, la première fois de leur vie d'adulte. Quand il se moquait d'elle parce qu'elle jouait aux poupées ou qu'il lui piquait ses cartes mères, il l'avait vue pleurer plus d'une fois, mais à cinq ans, c'est normal. Pour la dame de fer que Marianne est devenue, c'est une situation aussi inouïe que déstabilisante.

— Qu'est-ce qui se passe ?

Marianne lui raconte tout, la course, l'Abribus, l'affiche, le slogan, le logo, le coût supposé des campagnes publicitaires, et tous les articles lus sur son iPhone pendant le trajet en Uber : TechCrunch, *Wired, Fast Company, Forbes* ; ils avaient tous décrits, dithyrambiques, les succès de croissance de leur nouveau concurrent.

— Attends, mais ils datent de quand, ces articles ? Si ça se trouve, le truc s'est lancé hier. On n'a juste pas dépilé les 600 e-mails qui nous attendent, avec le décalage horaire et tout.

— Je sais pas, putain, dit Marianne la voix tremblante.

Un de leurs colocataires qui passe par là leur demande :

— *Everything's OK?*

Lucas, moins orgueilleux que Marianne qui tente de ravaler ses larmes, lui explique rapidement leur découverte d'un nouveau concurrent effrayant.

— Ah oui, eux, c'est un peu le nouveau *cool kid on the block,* répond-il, laconique.

— Et tu pouvais pas nous dire qu'il existait ? s'exclame Marianne en se retournant.

— Ben, je pensais que vous saviez... Tout le monde le connaît.

— Je sais pas comment font les gens pour se tenir au courant de l'actualité start-up, y a tellement d'informations... dit Lucas pour tenter de réconforter Marianne.

— *So... watcha gonna do?* demande le colocataire, visiblement assez peu attendri par les larmes discrètes de Marianne.

— Je sais pas… me cacher sous la couette *ad vitam aeternam* ? ironise Marianne.

— *My two cents*[19], intervient le colocataire, le mieux que tu puisses faire, c'est de récolter un maximum d'informations à la source. Lis pas les blogs, les journalistes font pas leur taf, ils se contentent de recopier les communiqués de presse. Prends rendez-vous avec le mec, et vois ce qu'il a dans le ventre. Au mieux tu lui montres *who's the boss* et tu vérifies les informations de base : à quoi ressemble son équipe, ce qu'il a comme vision stratégique. Au pire il est nettement plus avancé que vous, il vous rachète, tu fais le transfert pendant six mois et tu te barres pour monter ta prochaine boîte avec l'argent de l'*exit*.

— Tu… tu crois ? demande Marianne en séchant ses larmes.

— Euh… c'est pas un peu… dangereux ? demande Lucas.

— Ha, ha, qu'est-ce que tu veux qu'il se passe ? Il va pas te manger. C'est du business, pas la jungle.

— Ah bon ? Il y a une différence ? demande Marianne.

Marianne et Lucas se lancent un regard, haussent communément les épaules et se disent qu'après tout, pourquoi pas. Marianne envoie sur Twitter un message suave et elliptique au CEO de son concurrent menaçant, Josh, arguant que leurs deux sociétés ont visiblement beaucoup de « synergies » et qu'ils pourraient discuter de potentiels partenariats. Quelques minutes après, il répond d'un bref – « OK, rendez-vous au café Z, demain 15 h. *Cheers.* »

Le lendemain, après de houleux débats sur l'importance de la présence de Lucas au rendez-vous – Marianne pense qu'il ne devrait pas venir, dans la mesure où Josh, lui, sera seul,

19. « À mon humble avis. »

et qu'elle ne veut pas avoir l'air d'avoir besoin de son grand frère pour la protéger, tandis que Lucas a peur que Marianne fonde de nouveau en larmes et veut préserver l'image de sa boîte dans l'écosystème californien – Marianne part finalement seule rejoindre le terrifiant entrepreneur. Après une nuit de sommeil complète, pendant laquelle elle a renoncé à travailler, à se renseigner plus avant sur son concurrent, ou même à appeler Tristan, elle se sent d'attaque. Elle a reconstitué quelques éléments de son armure, encore fragile, mais malgré tout protectrice.

Marianne entre dans le café *gluten free* et végétarien non loin de son auberge espagnole, et à défaut d'être en mesure de reconnaître Josh, elle s'installe à la première table disponible et lui envoie un message pour lui dire où elle se trouve. Elle se plonge dans son téléphone sans réellement lire ce qui s'y affiche, comme si avoir l'air préoccupé allait lui donner davantage de contenance quand son concurrent arriverait.

Josh apparaît, incarnation de l'américain *A-type* de base : 1 m 85, 80 kilos de muscles dessinés par le football et le *workout*, une casquette, des vêtements sans style mais pratiques, les dents parfaitement blanches et alignées qu'on devine malgré une bouche incapable de sourire, le regard affûté par une *grad school* d'une faculté de la *Ivy League*.

— *Heywhatsup*, dit-il par automatisme, n'en ayant visiblement rien à foutre de savoir ce qu'il y a de neuf dans la vie de Marianne.

— *Hey, very nice to meet you*, répond-elle de son plus beau faux sourire.

— *So, what can I do for you?* lui demande-t-il sans passer par les politesses d'usage.

Marianne reconnaît bien là l'absence totale de savoir-vivre du peuple américain. Déjà qu'ils ne prennent pas le temps de s'asseoir, profiter d'un bon déjeuner et faire honneur à la nourriture; si en plus ledit déjeuner est coiffé de l'étiquette business, le plaisir de la dégustation devient carrément accessoire. En France, on mange assis, sur une nappe blanche, avec des couverts réutilisables et des aliments jamais totalement transformés de leur nature première. Aux États-Unis, on peut se retrouver à se gaver directement dans une barquette en plastique – ou pire, en polystyrène : comme si à Paris on négociait un contrat autour d'un kebab ! – de pitance suspecte surplombée de ketchup violet ou de marshmallows. Aux déjeuners d'affaires parisiens, on commence par échanger sur le temps qu'il fait, le temps qui passe, la politique et le cinéma. C'est en général au moment du café qu'on en vient au fait, et qu'on conclut l'affaire pour laquelle on s'est rencontrés, armés des sentiments de sympathie ou d'inimitié développés pendant les discussions et la dégustation. Aux États-Unis, on jette à peine un regard au menu avant de commander celui qui correspond le mieux aux apports caloriques tolérés pour la journée, et avant d'avoir pu poser sa serviette sur ses genoux, on a déjà parlé argent, commissions et conditions légales. Arrivés au milieu du plat principal, le *deal* est généralement déjà conclu; s'il satisfait toutes les parties prenantes, on peut se consacrer à quelques minutes d'oisiveté – principalement pour commenter le dernier match de base-ball – et dans le cas contraire, mieux vaut gober la fin de sa salade de plastique pour éviter les longs silences embarrassants. Le déjeuner français se savoure sur une heure et demie, le déjeuner américain se plie en vingt minutes.

Marianne conçoit que la méthode américaine puisse se révéler plus efficace, mais elle n'arrive pas à considérer qu'elle soit plus agréable; c'est un peu comme rentrer dans l'océan en plongeant versus y aller progressivement en se mouillant le cou. Quand son interlocuteur la force à se plonger dans le grand bain sans autre forme d'introduction, elle se sent comme poussée dans l'eau, elle a envie de protester : « Hé, oh, je risque l'hydrocution, là ! » – mais une fois qu'elle y est, elle n'a plus qu'à battre des mains et des pieds pour se réchauffer.

— Eh bien... hmm... je voulais qu'on se rencontre pour que... hmm... on discute, étant donné que nos deux produits ont... euh, des similitudes.

— *Yes*, dit-il, visiblement pas pressé de mettre du carburant dans la conversation.

— Tu as regardé ce que je fais ?

— Ouais.

— ...

— ...

— Et, euh, dis-moi, quand est-ce que tu as lancé ta boîte ?

— Y'a huit mois et demi.

— ...

— ...

— Et ça se passe bien ?

— Super – on a fait une belle levée en amorçage, menée par Dutchess Capital, dans la continuité de notre *traction* initiale, pour *scaler* d'abord aux États-Unis puis sur d'autres marchés, notamment asiatiques. On recrute une petite vingtaine de personnes, là, on vient d'emménager dans des locaux à SoMa.

Ça, Marianne le sait déjà, c'est mot pour mot ce qu'elle a lu dans tous les articles de la presse « tech » qu'elle a dévorés dans son Uber. « Pas franchement un trésor de guerre en matière d'espionnage industriel », se dit-elle.

— Ah, c'est intéressant, ment-elle. Et le marché européen ne vous intéresse pas ?

— *Well*, un marché fragmenté, un pouvoir d'achat en berne et plein de barrières à l'entrée, alors qu'en Asie, on a des milliards qui nous tendent les bras : non merci.

— Ça se défend, répond Marianne, qui raye mentalement de sa liste d'avantages comparatifs « présence sur le marché européen ».

Elle essaye de réfléchir le plus vite possible à une manière subtile de faire cracher à Josh des détails sur ses stratégies d'acquisition, ses budgets marketing, ses coûts d'acquisition et ses perspectives de sortie, mais elle réalise qu'elle est nettement meilleure vendeuse qu'espionne. Elle tente de récolter son avis sur les grandes tendances du marché du *cloud*, de l'applicatif, du mobile et du SaaS, sans obtenir grand-chose de plus que quelques hochements de tête. Elle l'interroge sur ses challenges du moment, il répond d'un mot ou deux. Elle tente le tout pour le tout et lui demande quelle stratégie marketing fonctionne le mieux pour lui.

— Ha, ha, tu penses bien que je ne vais pas perdre une heure de mon temps pour voir un de mes petits concurrents émergents et en plus lui balancer ma *secret sauce* ? il lui répond l'air sarcastique.

Marianne se fige. Sa question avait beau être risquée, elle ne s'attendait pas à une gifle si brutale. « Petit concurrent émergent » ? Elle, qui se bat depuis au moins deux fois plus longtemps que lui pour faire décoller son projet ? Elle tente avec acharnement de se remémorer son nouveau modèle américain, le gros Bill, ses pouliches et ses millions ; elle se rappelle l'effet qu'a eu son inspiration « billienne » sur l'investisseur Theo, et elle se demande ce qu'il pourrait lui insuffler qui fermerait le clapet de son prétentieux concurrent. Elle hésite à lui répondre : « C'est péter plus haut que ton cul, ta *secret sauce* ? » ou encore « Nan, je pense bien que tu pourrais avoir la décence de mener une conversation normale, connard». Elle envisage même de simplement se lever et partir, sans commentaire ni explication. Elle repense à Bill, à son ton assertif et ses chiffres tirés comme des coups de pistolet, elle repense à l'investisseur qu'elle avait presque convaincu et envisage de reproduire sa tirade de statistiques pour en mettre plein la vue à son interlocuteur. Mais ça ne vient pas – elle n'en a ni la force ni l'envie. Elle voudrait pouvoir faire du business à la Marianne et ne pas appliquer à l'aveugle les conseils prodigués par les uns et les autres, qui attendent tous d'elle qu'elle soit la Marianne qu'on s'imagine : une Amazone en pull à capuche, intransigeante, autoritaire ; elle ne veut pas se transformer en Bill. Fatiguée, elle opte pour un plus consensuel :

— Je voulais simplement avoir une conversation cordiale entre businessmen qui pourraient avoir des choses à faire ensemble, mais visiblement on n'est pas sur la même longueur d'ondes.

— *Well*, t'as qu'à me dire quelles «choses» tu veux qu'on fasse ensemble et je te dirai si ça m'intéresse.

— J'y réfléchis et je t'envoie un e-mail.

— On fait comme ça.

Marianne se lève et quitte le café le cœur battant, sans avoir touché à son gobelet de café au goût de pisse.

LA PANNE

"Features are like having sex. You make one mistake once and you have to support it for life."[20]
Dave McClure, fondateur de 500 Startups

Alors que son associée affronte son affreux concurrent, Lucas aussi a le cœur qui palpite, mais d'un rythme impulsé par une toute autre batterie : Louise l'a invité à boire un verre. Elle ne lui a pas proposé de rejoindre le groupe pour un autre cocktail de networking, elle ne lui a pas donné un rendez-vous professionnel qui s'avérerait être le soir, elle l'a bien invité à un rencard. Pour vérifier, il lui avait quand même demandé par texto : « Juste tous les deux ? » – elle avait répondu que oui, juste tous les deux, et avait ponctué d'un emoji tout sourire.

Pendant les 3 h 47 qui séparent le moment où Lucas a confirmé l'heure, le lieu du rendez-vous et leur rencontre

20. « Les fonctionnalités, c'est comme le sexe. Tu fais une erreur une fois et il faut l'endurer toute sa vie. »

devant le bar, Lucas se fait metteur en scène de chefs-d'œuvre de cinéma érotique. Dans les rôles principaux : lui-même, en plus musclé, plus maître de ses mouvements et plus expert des mystères du corps féminin, et Louise, juste comme elle est : d'une féminité discrète et charmante mais terriblement attirante. À défaut d'avoir déjà fréquenté le bar où l'attend son rendez-vous, il se l'imagine tantôt intimiste et romantique, tantôt bruyant et moite. Dans un cas, il se voit prendre la main de Louise, caresser ses cuisses fines sous la table et l'attirer vers lui sur une banquette de velours rouge. Dans l'autre il s'imagine profiter de la foule pour se coller à son corps fluet et noyer leur étreinte dans un bain de supporters de foot inattentifs. Il vérifie sur Google Maps la distance qui sépare le bar de l'hôtel de Louise – dont elle a subtilement glissé l'adresse lors d'une précédente conversation : faisable à pied quoique pas à côté, et Lucas note mentalement les différentes manières de lui proposer de la raccompagner chez elle. « Non mais j'insiste » – « Quoi ! Un Uber ? C'est pas écolo ! » – « Marcher, c'est ma passion, laisse-moi donc te la faire partager ».

Lucas prend une douche, renonce à acheter des capotes par superstition et enfile son éternel ensemble jean / pull à capuche. Lorsqu'il regarde son reflet dans le miroir et qu'il ne constate pas la moindre différence avec la veille, l'avant-veille ni n'importe quel jour depuis qu'il a atteint la puberté, il se résigne à l'idée de ne pas pouvoir changer grand-chose à son apparence physique.

Il trouve Louise sur son trente et un, assise au bar – qui n'est ni bruyant, ni bondé, ni particulièrement intimiste. Il la salue d'un compliment maladroit et se réjouit des mœurs françaises dictant aux amis de se faire la bise plutôt que de se serrer la main : les siennes sont moites d'agitation.

La conversation qui se noue entre Lucas et Louise est tout aussi naturelle qu'embarrassante. C'est peut-être là que réside le propre de tout échange précédant la rencontre amoureuse de deux individus : l'aisance affichée apporte ce qu'il faut d'assurance pour ne pas être totalement paralysé par des sentiments souvent accablants ; mais c'est bien la gêne, l'incommodité et l'intimidation qui préparent à accueillir l'altérité en soi, à en assumer la différence, à en conquérir l'hétérogénéité pour former, ensemble, une entité tierce et maladroite.

Lucas est généralement mal à l'aise avec les gens, *a fortiori* du sexe opposé, mais ce n'est pas cette gêne-là qui l'anime avec Louise. Elle a l'air d'écouter ce qu'il tente péniblement de lui raconter, elle rit à ses mauvaises blagues, elle pose sa main sur son épaule dès qu'elle en a l'occasion. Ce qui gêne Lucas, finalement, ce n'est pas sa peur de l'autre, son manque de confiance en lui ou la crainte du jugement, c'est qu'il retient de toutes ses forces, seconde après seconde, son envie de prendre la main de Louise sur son épaule, de l'attirer vers lui et d'embrasser de toutes ses lèvres le moindre centimètre carré qu'elle voudra bien lui laisser. Se concentrer sur ce que lui dit Louise en devient difficile, mais il ne veut rater aucune opportunité de saisir une ouverture, un signe qu'elle lui enverrait pour lui signifier qu'il faut qu'il tente sa chance. Maintenant qu'un léger blanc s'installe dans la conversation ? Là, pendant qu'elle se penche doucement vers lui pour prendre son verre ?

Tout, en Louise, est un mystère pour Lucas. Déjà, ce qu'elle fout là, à lui parler à lui, le *nerd* de service, un mercredi soir, à San Francisco, aux États-Unis – il y a trois semaines, il n'aurait pas pu s'imaginer situation plus improbable. Ensuite, comment elle s'est retrouvée à bosser dans ce milieu si masculin et compétitif, alors qu'elle paraît si frêle et douce. Lucas utilise les indices dont il dispose pour faire des conjectures : Louise est née en Bourgogne, d'une mère fonctionnaire et d'un père directeur financier. Ils ont déménagé à Paris quand elle était au lycée, mais elle n'en a pas retiré – comme tous les Parisiens « de souche » que Lucas a rencontrés – de pédanterie ni d'air supérieur. Bien qu'elle ait fait de très sérieuses études de droit, elle a un petit grain de folie qu'elle exprime principalement par des tenues toujours un peu déjantées : des chaussures à paillettes, des bandes de fourrure sur son pull-over, un sac à dos jaune fluo. À côté de Lucas, grand dadais aux T-shirts sombres et à l'air absent, c'est une petite boule de sourires et de couleurs.

Quand il lui avait demandé pourquoi elle travaillait avec des entrepreneurs, elle avait hésité :

— Je sais pas trop… Je me faisais chier dans mon job, et puis j'ai rencontré la directrice du Welcome Programme, elle avait besoin de quelqu'un. J'aimais bien l'idée de faire quelque chose de différent, et j'aimais bien qu'elle ne soit pas venue me chercher pour mon diplôme, mais par *feeling*. Elle avait en quelque sorte légitimé mon sens pratique, mes capacités à mener à bien une mission ambitieuse. Quand j'en parle avec mes amis qui ont des parcours de vie linéaires, et je m'en suis fait un paquet en Master de Droit – ils n'y comprennent rien. Eux, ils réfléchissent en nombres d'années passées à être « Junior », à celles qu'il leur reste avant de se mettre en congé mat', chacune des étapes est tracée, ils n'ont qu'à attendre que la prochaine arrive. Moi ça m'angoisse, je préfère me laisser porter, bosser sur des sujets tous les jours différents – et puis regarde autour de toi, comment je pourrais ne pas aimer mon boulot ? Tous les jours je rencontre des entrepreneurs qui sont en train de réinventer la communication, l'énergie, le travail… C'est là que ça se passe, quoi.

Pour quelqu'un qui avait commencé sa réponse par un « Je sais pas trop », Lucas avait trouvé que son récit était plutôt clairvoyant. Heureusement, elle ne lui avait pas retourné la question. En général, on lui demandait comment il avait eu l'idée de commencer sa boîte, ou encore comment il avait rencontré Marianne, mais rarement pourquoi il avait voulu *entreprendre*. Pour le monde extérieur, c'était Marianne l'entrepreneur, et lui le développeur, alors qu'ils s'étaient partagés le capital à parts strictement égales. Marianne avait eu l'idée initiale, mais elle avait une idée par semaine – c'est lui qui avait insisté pour qu'ils développent cette idée-là, et qui avait construit le prototype, Marianne n'étant pas capable de coder un e-mail en HTML.

Marianne en revanche, pouvait raconter inlassablement ce qui l'avait amenée à l'entrepreneuriat : elle s'en était toujours senti la vocation, mais une vocation contrariée par la société machiste et 10 000 ans de misogynie. Elle avait opté pour une carrière plus traditionnelle – même si au moins aussi prestigieuse, ne manquait-elle jamais de rappeler – en regardant en secret les vidéos des gourous start-up sur YouTube. Et puis elle était tombée sur un billet de blog d'une entrepreneure à succès, et ça avait changé sa vie. Le *storytelling* de Marianne, Lucas le connaît ; mais au fond de lui, il reste convaincu que son ancien boss a fini par ne plus supporter ses sautes d'humeur et ses grossièretés, et qu'il a négocié avec elle un départ discret pour qu'elle puisse « mener à bien ses projets ».

À mesure que l'heure avance et que les cocktails s'enchaînent, c'est de plus en plus de mains que Louise laisse traîner sur les épaules de Lucas, de plus en plus de genoux qui se croisent sous le bar, et de moins en moins de moiteur qui handicape Lucas. Lorsque le bar ferme, il se rappelle malgré le nombre de bières ingurgitées que c'est le moment, dans son plan machiavélique, de la raccompagner chez elle ; elle ne proteste pas une seconde et ils marchent côte à côte, laissant se mêler leurs coudes et leurs tailles en riant. Arrivés devant la porte de son hôtel, Louise saisit la main de Lucas et l'attire vers l'intérieur ; elle sourit toujours, mais son sourire n'est plus celui de la guide pimpante, de la nouvelle rencontre amicale ou de celle qui joue le bon public aux mauvaises blagues ; c'est un nouveau sourire que découvre Lucas, un sourire d'invitation sensuelle, un sourire qui dit qu'il a fait le bon choix.

Lucas l'embrasse dans l'ascenseur, sans réfléchir, quand les portes se referment et qu'il se sent protégé par l'intimité de l'habitacle d'acier. Elle se met sur la pointe des pieds et enroule ses bras autour de son cou, il glisse ses mains le long de ses hanches toutes fines. Les portes s'ouvrent, Louise retrouve son sourire, lui son silence.

Dans la petite chambre d'hôtel sans charme, Lucas et Louise s'embrassent longtemps, comme des adolescents, en n'osant d'abord pas trop s'aventurer sur le corps de l'autre, le tâtant par-dessus les vêtements. Lucas ne se demande pas vraiment combien de temps ces baisers doivent durer avant qu'il ne s'aventure dans l'effeuillage de Louise, mais elle s'impatiente visiblement et l'exhorte : « Déshabille-moi ».

Ces deux mots provoquent chez Lucas un regain de désir. Dans la pénombre, Lucas et Louise, allongés tantôt l'un sur l'autre tantôt l'un à côté de l'autre, s'agitent pour enlever T-shirts et pantalons, et profitent encore un peu de la dernière étape des sous-vêtements qui les sépare du spectacle de leur nudité respective.

Lucas est finalement plus à l'aise dans le sexe que dans les relations sociales. À poil, tout le monde se ressemble ; tout le monde aime baiser, et quand on baise, la plupart des dénominateurs communs sont inratables. Il s'était toujours laissé guider par ses instincts et par les gestes subtils de ses rares conquêtes, et n'avait pas l'impression de supporter plus d'inhibitions dans un lit que dans sa vie quotidienne. « T'es moins coincé que t'en as l'air », lui avaient dit ses précédentes maîtresses, ce qu'il n'avait jamais vraiment compris : il était certes discret et renfermé, mais usait, comme tout le monde, de la large majorité de son énergie intellectuelle à penser au cul.

Il s'émerveille de la douceur de la peau de Louise, du rebond de son ventre, du moelleux de ses fesses, et se sent animé par le désir de la combler pour qu'elle le laisse y réitérer l'accès. Elle dégrafe son soutien-gorge, il lui retire sa culotte et plonge son visage entre ses petites cuisses, guidé par son inspiration, les gémissements encourageants de sa partenaire et son ultime but de fidélisation.

Et soudain, sans qu'il sente que son désir s'amoindrisse, c'est pourtant sa manifestation première qui rétrécit, juste au moment où Louise l'attire vers elle. Comment est-ce possible, débander devant la partie la plus sublime du corps de Louise ? Comment pouvait-il gâcher ce qui serait probablement sa seule opportunité ? Est-ce qu'il avait bu trop de bières pour que son pénis refuse ainsi d'obtempérer ? Effrayé par son manque de contrôle sur son propre corps, il ne fait qu'empirer la situation ; maniant avec maladresse sa langue alors qu'il tente avec ses mains de réveiller ses autres organes, il laisse pendant de longues minutes la machine s'emballer tout à fait. Louise finit par l'amener subtilement à cesser de s'acharner : le moment fatidique est passé. Lucas est plongé dans le mutisme et la honte, il n'arrive même pas à s'excuser. Louise se love contre lui sans oser aborder le sujet. Après l'avoir câliné quelques minutes, elle se lève pour aller leur chercher du ravitaillement dans le mini-bar, ouvre une boîte de cacahuètes sur le torse de Lucas et reprend sa place au creux de son cou pendant que Lucas s'enfile une mignonnette de whisky.

— Je peux t'avouer un truc ? demande-t-elle à Lucas.

— Hmm hmm, répond-il, toujours mal à l'aise.

— En fait, je pense que tu ne t'en souviens pas, mais on s'est déjà rencontrés à Paris. Avant votre arrivée à San Francisco.

— Quoi ? Impossible, je m'en serais souvenu, lui dit Lucas, pour qui le coup de foudre de ce premier jour à San Francisco paraissait largement authentique.

— Ha, ha, c'est bien ce que je me disais, tu ne t'en souviens pas. Ben on s'est déjà vu au coworking où vous bossez, Marianne et toi.

— Mais quand ça ?

— Il y a deux... trois mois environ, c'était à un évènement ; on s'est pas parlé, enfin on s'est juste salués quoi. T'avais l'air concentré sur ton boulot.

— Je n'y crois pas une seconde, je me serais souvenu d'une fille comme toi.

Louise sourit en coin.

— Ben moi je m'en souviens. D'ailleurs, tu m'as plu tout de suite, et j'ai un peu manigancé pour que vous fassiez partie du programme ici à San Francisco. Les places étaient toutes prises quand Marianne a tenté de vous inscrire, mais comme je savais que tu étais son associé, j'ai fait des pieds et des mains pour que vous soyez acceptés.

— Mais... pour... me voir ?

— Ben oui, pour te voir, banane. C'est niais, hein ?

— Quoi ? Niais ? Mais pas du tout !

Lucas tombe des nues, lui qui remerciait Dieu et tout l'alcool franciscanais de l'avoir amené jusqu'au lit de Louise, même s'il n'avait pas honoré cette opportunité : *elle* l'avait en fait repéré lui. Il avait envie de lui dire que c'était la femme de ses rêves, qu'il en était convaincu, lui, depuis qu'il l'avait vue lors de ce qu'il croyait être leur première rencontre, qu'elle devrait d'ailleurs lui donner une deuxième chance de célébrer leur rapprochement en bonne et due forme.

— J'étais persuadé que c'était la première fois qu'on se voyait... parvient-il seulement à lui dire.

Mais voyant son regard un peu fuyant il ajoute :

— Moi aussi j'ai une confidence.

— Ah oui ?

— Si ça n'avait pas été pour toi, jamais de la vie je n'aurais mis les pieds dans un cours de méditation transcendantale !

Louise et Lucas éclatent de rire, se tombent un peu plus dans les bras, et reprennent leur enlacement fiévreux.

Ragaillardis par les confidences de Louise, Lucas et l'ensemble de son anatomie se renforcent et couronnent enfin de succès leur entreprise : Louise laisse même échapper un petit cri de plaisir.

Louise et Lucas ne reparleront plus jamais de cette première fois ratée, mais la leçon marquera longtemps l'esprit de Lucas : il faut se relever de ses échecs, la deuxième fois peut être la bonne.

LA BLESSURE

"Fearlessness is like a muscle. I know from my own life that the more I exercise it the more natural it becomes to not let my fears run me."[21]
Arianna Huffington, fondatrice du *Huffington Post*

— Alors, t'as pécho Louise ? demande Marianne à Lucas de retour dans leur auberge espagnole.

— T'es vulgaire.

Marianne soupire en levant les yeux au ciel.

— T'aurais pu prévenir, c'est tout, j'aurais enfin pu m'étaler dans le lit.

Elle jette dans l'évier son bol de céréales à peine entamé et décide de faire un footing, un peu pour éviter de parler à Lucas, un peu pour éviter de se replonger dans le travail.

— Je vais courir.

21. « Le courage est comme un muscle. Je sais de ma propre expérience que plus je l'entraîne, plus ça devient naturel pour moi de ne pas me laisser submerger par mes peurs. »

— Encore ? Mais t'as rien mangé, en plus. Et tu m'as pas raconté avec Josh !

— Je te raconterai après.

Marianne a les jambes qui tremblent quand elle enfile ses baskets. Elle n'a pas vraiment mangé, ni ce matin ni hier soir en rentrant de son rendez-vous, pas plus qu'elle n'a touché à son déjeuner la veille. Elle n'a pas vraiment dormi non plus, préoccupée par les décisions stratégiques consécutives à la découverte de la menace représentée par son concurrent, et inquiète – ou peut-être jalouse – de l'absence de Lucas dans son lit. À défaut de se sentir d'attaque pour quoi que ce soit, elle se dit qu'avec un peu de chance, courir libérera suffisamment d'endorphines dans son cerveau pour faire office d'antidépresseur naturel et lui assurer quelques heures de productivité.

Pour fuir le plus rapidement possible le spectacle des fantômes de son quartier, elle part instantanément à un rythme soutenu et écrase le pavé à grandes enjambées. Chaque foulée fait résonner dans ses genoux et dans ses têtes de fémur la dureté du béton – elle balance un peu plus loin ses bras pour se donner de l'élan, les torsions de son buste tirent sur ses abdominaux encore courbaturés de ses précédentes sorties sportives. Le soleil tape sur son front mais la transpiration est instantanément séchée par les bourrasques de vent venant de l'océan voisin. À chaque fois qu'elle pose un pied sur le sol rigide, elle sent son cerveau cogner un peu plus dans sa boîte crânienne et elle parvient difficilement à soulever ses bras pour soutenir son mouvement. D'une certaine manière, elle trouve ce qu'elle était venue chercher : elle est tellement concentrée sur le fait de tenir debout et de ne pas tomber dans les pommes qu'elle ne pense ni à Josh, ni à Bill, ni à Charles, ni à Lucas, ni à Tristan.

L'oubli de soi au profit de la concentration sur son état physique a ses limites. Au moment de prendre un embranchement qui la mène en bord de mer, devant un passage piéton qui aurait pu être n'importe quel passage piéton de n'importe quel trottoir, Marianne pose son pied un peu trop près du rebord du caniveau. Elle trébuche, sa cheville se tord complètement, elle entend un grand « crac ». Elle manque de s'étaler de tout son long mais se rattrape – c'est seulement une fois qu'elle a retrouvé son équilibre qu'elle commence à ressentir la douleur. Comme un tsunami raserait à une vitesse surprenante la surface d'une plage et les maisons alentours, la brûlure de sa fracture part de son pied et se diffuse dans une vague puissante tout le long de sa jambe, jusqu'à lui faire monter les larmes aux yeux. La douleur est si forte qu'elle lui fait tourner la tête, elle s'assied mollement par terre pour éviter de faire un malaise.

Par réflexe, et pour constater l'étendue des dégâts, elle défait les lacets de sa basket droite : son pied n'a qu'un peu enflé, il est vaguement violet, mais sans plus. Pourtant elle a l'impression qu'on lui a injecté par intraveineuse l'ensemble des poisons du monde et que, par réaction, son pied ne demande qu'à se détacher du reste de son corps.

Marianne serre les dents dans l'espoir de diminuer l'afflux de larmes qui coule sur son visage quand un jeune Américain visiblement d'origine mexicaine l'aborde :

— *Yo lady, everything OK?*

— Bah euh, ça va, répond Marianne en hoquetant.

— *Man*, qu'est-ce qui s'est passé ?

— J'ai trébuché...

— Aïe, *man*, ça craint ça. C'est cassé ?

— Je sais pas... Je ne crois pas, mon pied a pas encore triplé de volume.

— T'as entendu « crac » quand t'es tombée ?

— Oui...

— Cherche pas, c'est cassé. Si c'est cassé, faut aller à l'hosto. T'as une assurance ?

— Bah je sais pas... Je suis française donc j'imagine.

— Ah oui, vous les Français vous pouvez vous faire refaire les seins tranquille, votre assurance vous couvrira quoi qu'il arrive ! Allez, je t'appelle un Uber et je t'aide à te lever.

— Mais vous êtes sûr ? Euh, merci.

Quand Marianne s'appuie sur son sauveur pour se lever, son pied effleure par mégarde le bitume et elle ne peut réprimer un cri de douleur.

— Ha, ha, oui je suis sûr. Mon cousin s'est cassé le pied le mois dernier, pareil, un « crac » et le pied violet. Il a été plâtré un mois, en béquilles et tout. Bon, lui, il n'a pas d'assurance alors c'est l'oncle de mon voisin qui lui a fait son plâtre, et on a emprunté des béquilles à mon autre oncle. Enfin, t'imagines pas la galère : il bosse dans le bâtiment, mon cousin ! On fait pas de la maçonnerie en béquilles !

Marianne n'écoute pas le récit de la famille de son bienfaiteur à l'accent mexicain, tant elle est incapable de faire abstraction de la souffrance qui la plie en deux. Elle s'appuie sur lui en se glissant dans le Uber, lui réclame son numéro pour le rembourser, mais il refuse en riant : « Tu vas avoir assez de problèmes comme ça ! J'espère que tu travailles pas dans le bâtiment au moins ! »

Sa jambe allongée sur la banquette arrière, elle observe son pied prendre une teinte de plus en plus violet foncé et une boule de la taille d'un œuf se former par-dessus ses métatarses. Elle oublie la présence du chauffeur et gémit en balançant des gros mots par la fenêtre ouverte pour tenter d'extérioriser sa douleur : « Fuckfuckputaindebordeldemerdedesamèrelapute ».

Le chauffeur, visiblement pas attendri pour un sou, la laisse sur le trottoir devant l'hôpital, sans ménagement, et elle doit avancer à cloche-pied, une basket à la main, son téléphone dont la playlist « *Running* » tourne encore dans l'autre, le front dégoulinant de transpiration et les joues inondées de larmes. Marianne ne parvient pas à se remémorer une situation durant laquelle elle se serait sentie aussi esseulée, humiliée et abattue à la fois. Un aide-soignant finit par la prendre en pitié et l'assiste sur les derniers mètres, puis l'installe dans un fauteuil roulant.

Après que Marianne a fait enregistrer son dossier auprès de l'accueil et qu'on a accepté de lui donner un peu de glace pour qu'elle prenne son mal en patience – de la patience, elle allait en avoir besoin, l'avait prévenue l'infirmière – Marianne roule jusqu'à un coin de la salle d'attente et recouvre son pied douloureux de glace dans l'espoir de l'anesthésier complètement.

Elle reste assise là pendant ce qui lui semble de longues heures d'attente. La glace dans son sac a presque entièrement fondu sur son pied et a imbibé d'eau la chaise recouverte de tissu verdâtre. Sa transpiration a séché, elle pue, elle a froid. Elle regarde ses genoux ou les accoudoirs de sa chaise pour ne pas voir défiler les brancards, les blessés et les effusions de sang. Et surtout, elle ne veut pas spécialement s'enquérir de l'hématome qu'elle a mis tant de temps à faire taire.

Alors qu'elle commence à se demander s'ils ne l'ont pas oubliée, à l'accueil, un homme d'une quarantaine d'années vient s'asseoir à côté d'elle. Il sort du couloir menant aux salles de traitement après avoir serré la main du médecin, et semble avoir besoin de reprendre ses forces avant de rentrer chez lui.

— Accident de course ? lui demande-t-il.

— Oui... j'attends qu'un médecin m'ausculte, lui répond Marianne. Vous savez combien de temps ça prend ?

— Ça peut être assez long... quatre ou cinq heures parfois. Ça dépend de votre état, mais comme vous n'avez pas d'hémorragie ni de difficultés respiratoires, à mon avis vous êtes en queue de peloton malheureusement.

— Vous avez l'air de vous y connaître.

— Ha, ha, oui, on peut dire ça, répond-il d'un rire jaune.

— Qu'est-ce qui vous arrive à vous ? Je ne vois pas d'hémorragie, vous avez attendu cinq heures ?

— Un peu moins, mais pas loin. Je suis venu pour des raisons... disons, plus psychologiques.

— Ah...

— Ici à San Francisco, la pression est telle sur les gens qui font mon métier, qu'il arrive que les crises d'angoisse prennent des proportions assez impressionnantes.

— Vous avez fait un *burn out* ?

Le *burn out*, mal du siècle et de l'écosystème, menace qui plane au-dessus de tous ceux qui se frottent à l'entrepreneuriat, effraie Marianne comme il effraie ses confrères start-upers, ses amis et l'ensemble de sa famille. Personne ne sait exactement en quoi ça consiste, ou à quel moment l'angoisse qui tenaille les entrailles, la fatigue extrême, l'envie perpétuelle de pleurer et les insomnies incessantes deviennent anormales. « Il paraît que tu peux plus te lever », disent certains, « Que t'as des envies de suicide », racontent d'autres. Marianne n'avait jamais eu envie d'attenter à ses jours, mais elle avait cru de nombreuses fois au réveil que ce matin-là, c'était le matin de trop, et qu'elle n'arriverait pas à affronter la journée. Elle soulevait la couette mollement et poussait son corps hors du lit d'un coup en faisant appel à ce qu'il lui restait d'énergie, et c'était bon. À partir du moment où elle était assise sur le rebord de son matelas, elle était tirée d'affaire. Le métro, les réunions, les bugs ou les appels du comptable pouvaient s'enchaîner, puisqu'elle avait réussi à s'extirper des bras confortables mais traîtres de son lit.

Marianne n'avait donc jamais cru souffrir d'un *burn out*, mais elle en avait vu dans son espace de coworking ou dans son incubateur, des entrepreneurs qui, du jour au lendemain, ne venaient plus. Si l'équipe ou le business n'étaient pas assez mûrs, la boîte mettait la clé sous la porte. Marianne s'était dit que planter leur boîte, ça ne devait pas améliorer leur état, mais Lucas l'avait corrigée avec beaucoup de philosophie : « Je crois qu'ils doivent surtout être soulagés que ça soit fini. »

Pour éviter que le *burn out* ne décime leurs troupes, le programme d'accélération de la start-up de Marianne et Lucas ne lésinait pas sur les ateliers de gestion de la *work-life balance*, comme disait Alessandro. Tous, *in fine*, avaient pour vocation d'apprendre à améliorer la productivité horaire, c'était le leitmotiv numéro 1 pour éviter de sombrer dans la dépression ou la surchauffe : mieux valait se reposer un tout petit peu mais régulièrement plutôt que de péter un plomb pendant des semaines, à intervalles réguliers. Veiller à s'administrer un apport calorique convenable et diversifié, faire du sport pour sécréter les hormones nécessaires à la créativité, dormir peu mais suffisamment pour recharger ses batteries. Et puisqu'il était recommandé de passer le plus de temps possible avec ses équipes pour travailler à la croissance de son produit, Alessandro préconisait de minuter ses activités pour s'assurer un usage optimal des 24 heures d'une journée.

« Si vous avez des enfants, faites du sport de 5h30 à 6h, puis vie de famille jusqu'à 8h, vous bossez de 8h à 19h30, dîner, de nouveau boulot de 21h à 23h, et dodo. Ça fait

6 heures de sommeil, 30 minutes de sport, 3 heures 30 de vie sociale et familiale, et 12 heures de boulot par jour, c'est pas mal. »

Tous ces ateliers et ces injonctions à garder un contrôle total sur sa vie avaient sur Marianne l'effet précisément inverse à celui escompté. Elle avait bien tenté de mettre en pratique ces préceptes, mais au moindre écart sur son planning minuté, elle angoissait encore plus, se disant qu'elle allait devoir trouver un moment dans la journée pour compenser. Elle avait donc continué de mener une vie quotidienne relativement erratique, en compensant son manque d'organisation par un plongeon encore plus profond dans le travail acharné, et en tentant de faire taire la petite voix menaçante du *burn out* qui susurrait à son oreille.

— Non, reprend le quadragénaire fatigué, enfin j'en ai fait un l'année dernière. Là c'est juste une petite crise d'angoisse. Rien de très inhabituel !

— Et c'est quoi votre métier ? demande Marianne qui craint de déjà connaître la réponse.

— Entrepreneur.

— Et merde.

— Et vous ?

— Pareil.

— Ben j'imagine que les fractures de fatigue, c'est un dérivé de la crise d'angoisse entrepreneuriale !

Au moment de la plaisanterie du voisin de Marianne, un jeune médecin aux faux airs de George Clooney dans *Urgences* s'approche d'eux et invite Marianne à le rejoindre. Il se tourne vers son voisin et s'exclame :

— Kendall, t'es encore là, toi ? Qu'est-ce qui t'arrive ?

— Bah comme d'habitude, quoi.

— Faut vraiment que tu prennes des vacances.

Kendall se tourne vers Marianne : « Oui, ils me connaissent bien ici, je me retrouve plus souvent aux services des urgences de San Francisco qu'à des rencards ! » Marianne lui adresse un sourire désolé tandis que son médecin l'emmène vers un lit de consultation.

— Vous parlez français ? lui demande-t-il.

— Oui.

— Moi aussi je suis français, je suis le docteur Vinot. Alors je lis dans votre dossier : douleur au pied après une chute... bla-bla... profession : CEO. Il s'agirait que vous ne finissiez pas comme l'ami Kendall, dites donc.

— Je fais pas un *burn out*, je me suis pété le pied en courant, rétorque Marianne, excédée par les heures d'attente.

— Ça, c'est la radio qui nous le dira, répond-il en examinant l'œuf qui surplombe le pied de Marianne. Ceci dit, je suis prêt à parier que vous avez fait le bon diagnostic. À combien évaluez-vous votre niveau de douleur ? De 1 à 10 ?

— Je sais pas... 1 million ?

— Je vois, répond le Dr Vinot, que l'exagération ne fait pas rire.

— Mais je vais pouvoir marcher quand ?

— A-tten-dez, je vous dis, on a commencé l'examen y a quarante secondes. On a pas mal d'étapes à franchir avant de tirer des conclusions. Je vous prends la tension.

Marianne passe par les différentes étapes de l'examen médical. Le sexy mais énervant Dr Vinot prend son pouls, lui examine le fond des yeux, de la gorge, des oreilles, la mesure et la pèse.

— Votre indice de masse corporelle n'est pas bien élevé... Vous mangez bien ?

Marianne, consciente qu'elle avait toujours eu ce qu'il fallait de poitrine et de fesses pour afficher les kilos requis sur la balance, tombe des nues.

— Quoi ? N'importe quoi, mon IMC se porte très bien.

— Vous faites 1 m 65 pour 50 kilos. C'est à la limite de la maigreur.

Elle réalise que depuis qu'elle est arrivée à San Francisco, il y a à peine quelques semaines, elle a perdu 8 kilos. Elle se garde bien de le préciser au médecin.

— Nan mais là j'ai un peu la dalle. Je suis partie courir après mon petit déjeuner mais il s'est passé huit ans entre mon arrivée à l'hosto et ma prise en charge, vous comprenez.

— Je comprends. D'ailleurs, on peut se tutoyer.

— *You got it*, répond Marianne qui commence à s'impatienter. Il va se passer quoi pour mon pied ? Non parce que, sans vouloir te mettre la pression, comme tu le sais, je suis CEO de ma boîte et qu'au lieu de bosser, je viens de passer toute la matinée à observer le bleu lavande des murs du couloir.

— T'en fais pas, on va faire une radio dans quelques minutes. Et si c'est cassé, il va falloir plâtrer, mais je veillerai à ce que ça soit fait rapidement. L'orthopédiste est là. Avant ça, j'aimerais bien qu'on discute un peu.

Marianne lève les yeux au ciel : encore un qui se préoccupe de son moral. Ses parents avaient déjà tenté de lui faire entendre raison et ses amis osaient de temps à autre émettre une réserve sur ses horaires de travail. Il n'y avait guère que Lucas qui la comprenait, puisqu'il partageait avec elle le rythme intensif de l'entrepreneur. Et Tristan qui, puisqu'il était musicien, s'affranchissait à l'envi des règles du 9 h 30-18 h 30 et la retrouvait avec un plaisir non tari, à 23 heures comme à 2 heures du matin, sans jugement ni exigence.

— Tu sais, Marianne, j'en vois passer, ici, des entrepreneurs. Dépressifs, usés jusqu'à la corde, le corps fatigué de subir ces rythmes effrénés, ils se blessent, comme toi, parfois physiquement, mais surtout ils laissent leur ambition dévorante abîmer leur psychisme. Tous les jours, des centaines de nouveaux expatriés viennent tenter de vivre le rêve américain dans la Silicon Valley, mais ce qui attend les entrepreneurs est souvent moins reluisant que ce qu'ils espéraient. Le choc n'est pas évident à supporter : San Francisco est intransigeante. Les chances de réussite sont à l'image de la météo : le ciel semble clément et ensoleillé de loin, mais se révèle venteux et changeant une fois sur place. Ta fracture n'est pas anodine : ton corps t'envoie le signal qu'il est à bout et il faut savoir l'écouter.

— Hmm, hmm, répond Marianne, qui retient des larmes autant nourries par la douleur toujours prégnante de son pied fracturé que par la colère qu'elle ressent, obligée de subir les remontrances d'un inconnu qui ne la connaît ni d'Ève ni d'Adam.

— Est-ce que tu as quelqu'un... je sais pas, qui veille sur toi ? Qui t'emmène dîner, avec qui tu peux sortir, te détendre ? Un ami... un amoureux ?

— Mon mec, c'est ma boîte, tranche Marianne.

— Ah... Et il t'apporte le petit déjeuner au lit ?

— J'ai pas le temps de petit-déjeuner.

Le beau Dr Vinot, bon public, rit à la blague de Marianne – qui n'en était pas une – et procède aux examens nécessaires pour plâtrer le pied tout à fait fracturé. Quand il raccompagne une Marianne perchée sur deux béquilles au bout du couloir des consultations, il lui demande son numéro de téléphone.

— Je t'avoue que je ne fais pas ça d'habitude. Mais j'aimerais bien que tu me tiennes au courant de l'état de ton pied. Tu vois un inconvénient à ce que je t'appelle dans quelques jours ? Pour savoir comment va ta fracture, bien évidemment.

— Euh, d'accord. Je sais pas si ce genre d'attention est pris en charge par ma police d'assurance, mais OK.

Marianne rentre chez elle, clopin-clopant sur ses béquilles, se disant que des siècles de progrès technologique ne seront pas parvenus à faire émerger un système plus efficace que des barres métalliques inconfortables pour permettre aux éclopés de se déplacer. Le récit qu'elle fait de sa discussion avec leur concurrent, Josh, de sa course, des heures passées à l'hôpital, de l'entrepreneur en *burn out*, du Dr Vinot, dure une partie de la nuit. Lucas l'écoute patiemment, certains de leurs colocataires vont et viennent, captent des bribes avant de se replonger dans leurs lignes de code, lui adressent quelques marques de soutien distraites.

Les deux associés ne pourraient pas être dans des états plus opposés cette nuit-là. À San Francisco, Lucas se sent plus épanoui que jamais, comme une fleur de thé qui ne peut éclore qu'imbibée, qu'on aurait laissée sécher dans un placard pendant des années et dont on aurait enfin libéré la saveur en la plongeant dans l'eau. Non seulement il se sent plus libre, plus à sa place, plus à l'aise, mais il est encore plus productif. Les heures passées à programmer, entre deux ateliers organisés par Louise, défilent sans effort, son code est propre, il parvient à débloquer des situations, à trouver des solutions ; les échanges par e-mails avec ses utilisateurs n'en finissent pas de le flatter. Marianne, qui d'habitude aime avoir le contrôle sur l'ensemble des tâches effectuées dans *sa* boîte, ne lit même plus les messages de ses clients ; Lucas la trouve lasse. La lumière de son écran vient souligner la couleur de ses cernes. S'il est un peu inquiet pour elle, il la trouve surtout énervante : il ne voit pas quelles raisons objectives la rendent si désœuvrée. Les difficultés qu'ils ont rencontrées ces dernières semaines ne sont jamais que leur routine. Ce qui avait changé les choses, c'était l'étincelle de succès qu'ils avaient entrevue grâce à l'article sur Hacker News ; c'était grâce à elle qu'ils étaient aujourd'hui à San Francisco, au cœur du réacteur, et Marianne allait gâcher cette opportunité parce qu'elle faisait face à quelques accrocs ? Les crises, les désagréments, les bugs, les efforts, les tracas, les soucis et les contraintes, c'est ça, le quotidien des entrepreneurs. Et c'est le fait de surmonter toutes ces contrariétés qui constitue la sève du plaisir d'entreprendre. Seule la résilience peut permettre d'entrevoir l'infinie satisfaction du travail bien fait, ce que Marianne n'ignore pourtant pas. Pourquoi baisse-t-elle les bras précisément au moment où tous ces efforts commencent à disperser, au loin, le brouillard de difficultés, et à laisser entrevoir l'espoir de la réussite ? Par respect pour toutes les fois où Marianne a gardé pour elle ses états d'âme, et par compassion pour son pied cassé, Lucas décide de ne pas la mettre face à son attitude défaitiste. Il se contente de l'écouter se plaindre, de s'enquérir de sa guérison, et il s'endort, nuit après nuit, à la lumière du MacBook encore allumé de son associée.

LE PIVOT

"If you had asked people what they wanted, they would have said a faster horse."[22]
Henry Ford, fondateur de Ford Motor Company

Les journées passées immobile à bosser, à côté de Lucas, entrecoupées de rares sorties pour des rendez-vous qui ne mènent généralement nulle part finissent de plomber le moral de Marianne. Elle laisse défiler les heures, les yeux rivés sur son Google Analytics, scrutant la pente descendante de sa courbe de revenu, impuissante. Jusqu'au matin où, au réveil, elle allume son navigateur web, comme tous les matins, et frémit devant sa courbe : elle a atteint le zéro. Elle réagit à brûle-pourpoint :

— Lucas, faut se rendre à l'évidence : ça ne marche pas.

— Euh... qu'est-ce que tu insinues ?

— On a touché le fond. Épuisé nos ressources. Cramé notre potentiel. Il faut qu'on pivote. Qu'on change de

22. « Si vous aviez demandé aux gens ce qu'ils voulaient, ils auraient demandé un cheval plus rapide. »

direction dans notre stratégie. Notre business model n'est pas valable. Je veux pas continuer à courir après des licornes avec ma baguette magique imaginaire.

— Putain, tu m'as fait peur, j'ai cru que tu voulais te barrer.

— Non, t'es malade ? Je veux pivoter. C'est la seule solution.

— Attends, attends, va pas trop vite. Un pivot, ça se décide pas comme ça, au petit déjeuner. On peut pas *recommencer* : déjà, on n'a plus de cash. On va certainement perdre toute l'équipe si on leur dit qu'on repart de zéro. Et puis il va falloir faire passer la pilule aux investisseurs, ils ont mis de l'argent dans la stratégie qu'on leur a présentée il y a des mois.

— Non, ils ont mis de l'argent dans nous. C'est différent. Si on leur explique qu'on va utiliser leur investissement pour faire plus d'argent, *a priori* la pilule devrait passer.

— Bon, soit, en fait c'est même pas ça la question : tu veux pivoter sur quoi exactement ?

Marianne improvise :

— Ben, il faudrait que je réfléchisse, mais en gros, l'idée est simple : niveau produit et expérience utilisateur, on n'est pas assez bon. En revanche la techno, elle, elle fonctionne bien. Je propose qu'on se tourne vers un business d'API.

— Attends, je suis pas d'accord, nos utilisateurs je les ai tous les jours par e-mail ou sur le *chat*, ils sont de plus en plus satisfaits.

— Ta vision est biaisée. Si tu regardes les chiffres, on n'est clairement pas *scalables*. On s'échine à faire du *growth hacking* mais c'est absurde, y a pas de *traction*.

— J'ai l'impression d'entendre Alessandro, il a pris le contrôle de ton esprit ou quoi ? demande Lucas qui ne peut retenir un trait d'ironie.

— Ben ouais, ouais, peut-être bien. On aurait peut-être dû mettre en pratique ce qu'il nous a appris au lieu d'écouter sagement et de faire tout le contraire, commence à s'impatienter Marianne.

— Mais qu'est-ce que tu racontes, Marianne ? T'as vu où on est, tout ce qu'on a accompli ? On a construit un super beau produit qui a un nombre tout à fait décent d'utilisateurs, on est à San *fucking* Francisco, on rencontre les meilleurs investisseurs, on côtoie des entrepreneurs du monde entier !

— Regarde les choses en face, Lucas : on a trois mois de cash à la banque, après, on met la clé sous la porte !

— Comme 99 % des start-up.

— Oui mais à la différence des autres, on n'a pas de plan précis pour se rétablir et prendre enfin le chemin d'une croissance durable à deux chiffres !

— Putain mais Marianne, tu t'es jamais dit que, peut-être, on n'en était pas là parce que tu ne le voulais pas vraiment ?

— ... Quoi ? s'offusque Marianne, qui ne parvient même pas à avaler sa salive.

— Tu veux lever des fonds, aller à San Francisco, saisir ta chance, te *lancer sur le chemin de la croissance*, mais pour arriver où, Marianne ? Qu'est-ce qu'on veut exactement ?

— Ben monter une start-up ! La faire grandir !

— Oui mais *quoi* comme start-up ? On dirait que ce que tu veux, c'est qu'on parle de toi dans TechCrunch, peu importe le produit, peu importe ce que tu construis, il faut que ça soit *big* – mais ça ne peut pas être ça qui te motive au quotidien. Je ne te comprends plus ; tu veux de l'argent ? Tu veux des millions ? Mais pourquoi tu ne retournes pas bosser dans une banque ou un cabinet de conseil ? T'auras les mêmes horaires de travail, mais tu gagneras une bonne cinquantaine de fois plus.

Tes idoles, les entrepreneures *successful*, les femmes qui montent des business et pondent en même temps trois gosses, sans se préoccuper de la misogynie ambiante ou du plafond de verre, elles y arrivent parce qu'elles incarnent ce qu'elle construisent, elles s'en foutent, du succès. La réussite n'est que la conséquence du fait que le produit qu'elles ont créé change la vie des gens.

— T'es un peu naïf, Lucas. Je peux te dire que les Sheryl Sandberg d'aujourd'hui, elles sont peut-être à l'origine d'une bonne idée, mais ce sont surtout des entrepreneures avec un sens affûté du business, un esprit de requin, et la capacité de tenir debout avec moins de trois heures de sommeil.

— Et c'est ça que t'as envie d'être ? Un requin en manque de sommeil ? Ce n'est pas ça qu'on était partis faire tous les deux. Mais vu comment tu t'es comportée avec Charles, finalement, je me dis que t'en es pas loin.

— Comment tu peux me reprocher ma réaction au départ de Charles ? Je te rappelle que c'est lui qui a quitté le navire, j'allais pas le supplier de rester. En fait, c'est *toi* qui es comme lui : ton problème avec mon *leadership*, c'est que t'es convaincu que j'en suis pas capable. Tu crois que j'en ai pas les épaules. Tu penses que je vais craquer face à la pression. Putain Lucas, pas *toi*.

— Je ne doute pas une seconde que t'en sois capable, Marianne – au contraire, s'il y a bien une personne au monde sur qui je parierais pour mener une entreprise à bien, c'est toi. Ce que je crois, c'est que tu diriges ton ambition dans la mauvaise direction. Tu veux à tout prix créer un business *scalable*, valorisé des millions, mais on dirait surtout que tu veux prendre une revanche sur tous ceux qui pensent que tu n'y arriveras pas. Que tu veux faire fermer leur clapet aux machos qui sont persuadés qu'une femme ne peut pas être à la tête d'un empire de la tech. Mais pourquoi t'as décidé que ça serait à toi de mener cette bataille ? Et si c'était juste pas fait pour toi ? Si au fond tu avais envie de mener un business à ton image, pas à celle d'Alessandro ou d'Eric Ries. Ou de Josh, ou de Bill ! Y a rien de mal à créer une boîte d'une plus petite envergure, à taille humaine, quoi. Ça ne peut pas être l'esprit de contradiction qui dicte ta vie et tes actions ! La preuve : à force de vouloir prouver au monde qu'il a tort, c'est chez toi que ça crée des contradictions, et tu te retrouves à foirer ta boîte – notre boîte – parce que t'es bourrée de conflits intérieurs. On est dans le même bateau, Marianne ; je ne vais pas approuver une décision de pivot après des mois et des mois de développement parce que t'as pris un café de quinze minutes avec notre concurrent. C'est une décision irrationnelle.

— Mais tu te prends pour qui, à me donner des leçons de vie ? C'est moi qui porte à bout de bras notre business depuis le début, moi qui fais face aux investisseurs, moi qui suis allée chercher ceux qui payent ton loyer, moi qui embauche, moi qui fais les fiches de paye, moi qui me tape les remontrances d'Alessandro, des clients, des voisins, de ta mère. Bordel, ça fait cinq minutes que t'es sorti de ta coquille parce que t'as retrouvé une vie sexuelle et tu te permets de me donner des leçons ? J'ai des *news* pour toi : premièrement, c'est pas facile tous les jours d'être entrepreneur, et oui, il faut ne pas beaucoup dormir, ça fait partie du jeu. Deuxièmement, monter une boîte, c'est pour gagner de l'argent ; c'est pas que ça, fort heureusement, mais si j'étais pas là pour te le rappeler de temps à autre, Charles et toi vous auriez passé vos journées à coder des produits qui, oh oui, fonctionnent hyper bien, sont drôlement bien programmés, mais que personne n'utiliserait. Au moins Charles, cette belle ordure, avait un tantinet le sens du business.

— Et ça ne te convient pas à la perfection, ce fonctionnement, Marianne ? Toi la *control freak*, ne me fais pas croire que tu m'aurais laissé avoir la moindre influence sur la manière dont il fallait mener la stratégie de la boîte dont je possède 50 % des parts, je te rappelle. La preuve en est qu'aujourd'hui, je me permets de formuler une hésitation sur ta décision de pivot et ça se transforme en engueulade. T'es bien contente que je code et que je ferme ma gueule.

— *Control freak* ? Moi, une *control freak* ?

Marianne se lève, ulcérée, et tente péniblement de se ruer hors de la pièce en claquant la porte. Sur ses béquilles, son entreprise tombe à plat, et sa tentative de coup d'éclat se transforme en gag de comédie muette. Réalisant le ridicule de la situation, elle pointe vers Lucas un bout de béquille accusateur :

— Je m'en fous de ce que tu penses de moi. Je vais mener cette boîte, avec ou sans ton accord. Et mon idée de pivot, c'est ce qui va nous sauver.

Face au ridicule de la situation, Lucas, assis, et échaudé par sa dispute avec Marianne, debout et branlante, une béquille brandie vers lui, les cheveux hirsutes, ne peut retenir un rire.

— Et ça te fait marrer en plus ? s'étonne Marianne. Et elle aussi, un peu par mimétisme, un peu par nervosité, lâche un gloussement. C'est pas drôle, bordel !

Un rire et la dispute s'efface – ainsi fonctionnent les amitiés d'enfance comme les duos d'entrepreneurs. Marianne se rassied.

— Bon, j'avoue qu'on a peut-être un peu merdé... concède Lucas. Tu te rappelles le jour où on a dû trouver un nom pour notre boîte ?

— Le jour ? Plutôt les semaines, oui.

— Je n'ai jamais passé autant d'heures de ma vie à vérifier la disponibilité de noms de domaine.

— Tu sais que depuis cette expérience, j'ai développé un genre de... d'addiction ? dit Marianne sur le ton de la confidence.

— À quoi ? Trouver des noms de boîtes ?

— Non, à acheter des noms de domaine. Je suis pas particulièrement fan du shopping en ligne, comme tu peux le voir, mais mon petit plaisir caché, mon péché mignon consommation, c'est les noms de domaine. Au début, j'achetais des trucs plutôt « pratique », tous les « .com » associés à mon prénom, mon nom de famille, le nom de notre boîte… Et puis tu te rappelles, ils ont rendu accessible tout un tas d'autres extensions : tu pouvais appeler ton site web « www.lucas.paris », « .design », « .green », « .xyz », bref, y'en a des millions. Y a même des « .porn », des « .ninja », « .pizza » – c'est la porte ouverte à une infinité de blagues. Quand il y a des nouvelles extensions qui sont mises à disposition, je deviens dingue, comme les Américains pendant le *Black Friday*.

— Mais… t'en as acheté beaucoup ?

— J'ose pas regarder… j'essaye de ne jamais dépenser plus de trente ou quarante euros à la fois. Et y'en a un paquet que je ne renouvelle pas quand l'expiration arrive à échéance au bout d'un an.

— OK, mais t'achètes quoi, en fait ?

— Je sais pas, je fais des jeux de mots, des blagues quoi. Par exemple j'ai acheté : www.marianneetlucassont.cool

— C'est pas vrai ! C'est génial ! Faut que je code une page pour la mettre dessus. En tout cas, on en apprend tous les jours, moi qui croyais te connaître…

— Les gens évoluent, tu sais, Lucas ! Regarde : est-ce qu'aujourd'hui, si on montait une boîte, on passerait toute une semaine à réfléchir au nom et au logo qu'on pourrait lui donner, avant même d'avoir le moindre début de produit ?

— C'est clair que non. Tant de jours passés à se prendre la tête inutilement. Je pense qu'on n'a pas codé une seule ligne pendant cette semaine de *branding*. Et tout ça pour quoi ?

Probablement qu'on va tout mettre à la poubelle, si on le fait, ce pivot.

— Ah ça, on verra bien. Réfléchissons d'abord à notre pivot du point de vue du business. Si on passe ne serait-ce que dix minutes à réfléchir à la marque avant de l'avoir mise sur le marché, Alessandro va nous repérer avec son radar à erreurs entrepreneuriales ; il va débarquer à San Francisco pour nous poursuivre en nous jetant des spaghettis dessus et en hurlant : « *Bullshit!* »

Après leur réconciliation, Marianne et Lucas passent une bonne partie de cette nuit-là et des suivantes à recommencer. Ils se maintiennent éveillés à grand renfort de café et de l'émulation que provoque le fait de repartir à zéro. Commencer, c'est ça le moteur de l'entrepreneuriat. C'est ça qui motive les jeunes banquiers à quitter leurs vies confortables et à renoncer à leurs montres de luxe. Rien n'incarne plus la liberté que de commencer une entreprise. Le début se nourrit bien sûr de la perspective de la suite : le succès, la fortune, la une du magazine *Challenges*. On ne crée que pour que ça perdure, que ça grandisse. Mais le court moment pendant lequel le rêve du futur n'est pas encore terni par la tache grasse de la réalité, ces quelques jours de brouillons, de maquettes et de conjectures, ce sont ces jours-là qui font ressentir de plein fouet le pouvoir immense, magique, démiurgique du créateur.

Marianne et Lucas ont vingt-quatre ans de nouveau, ils croient tout possible, ils oublient les galères, les bugs, les échecs, ils se replongent avec la même énergie dans le travail. Ils lâchent tout, eux aussi, tout ce produit imparfait et bancal qu'ils traînent depuis des mois et qui les fait perdre compétition après compétition, qui déçoit leurs clients, leurs investisseurs et leurs mentors.

Marianne et Lucas ont neuf ans de nouveau. Ils s'imaginent capables de créer le prochain Google, comme s'il suffisait de se déguiser en Larry Page. Ils rêvent: «On dirait qu'on est dans la Silicon Valley pour toujours.» Ils voient se dessiner sous leurs yeux, à force d'imagination infantile, les couleurs de leur réussite et les formes de leur succès.

Marianne et Lucas se retrouvent, trentenaires fatigués mais gamins plein d'espoir. Elle est moins autoritaire, il est moins renfermé. Ils sont plus rationnels, mais toujours pas raisonnables.

Marianne fait taire la douleur de son pied fracturé comme ses doutes. Lucas attribue à San Francisco et à son atmosphère d'innovation la qualité du travail qu'ils abattent.

En quelques semaines, en travaillant jour et nuit, ils parviennent à sortir un produit «Made in Silicon Valley». Cette fois, ils ont fait les choses dans l'ordre: ils ont conçu un *Minimum Viable Product*; il a une seule fonctionnalité, qu'ils vont tester auprès de différents marchés cibles, avant de déterminer s'ils exercent sur eux une *traction*. Si c'est le cas, alors ils développeront d'autres fonctionnalités, testeront des canaux d'acquisition de clients, détermineront s'il existe bien un *fit* entre leur produit et leur marché. Et sinon, ils verront bien.

LES BUREAUX

"The more people we have in our team, the less room there is in the elevator and the more complicated everything gets."[23]
David Karp, fondateur de Tumblr

Malgré le rythme de travail, d'autant plus intensif qu'il est impulsé par un nouvel élan de motivation, Lucas a une vie sociale plus animée que jamais. Puisqu'il est très consciencieux, les activités qui ponctuent sa journée ont toujours un rapport avec l'entrepreneuriat : il va assister à des conférences et des *meets up* sur des sujets soit techniques, soit « inspirationnels », dans lesquels il retrouve même parfois des développeurs et des start-upers qui le saluent – ils sont quasiment devenus amis. Il ne manque pas de tweeter avec enthousiasme les phrases clés entendues pendant les speeches, ornées de hashtags #startuplife et #growthhacking, ce qui a le don d'agacer Marianne, coincée derrière son ordinateur. Suivant

23. « Plus on a de gens dans l'équipe, moins on a de place dans l'ascenseur, et tout devient plus compliqué. »

les conseils prodigués par différents entrepreneurs à succès, lui aussi minute sa journée : il se lève aux aurores, travaille aux côtés de Marianne toute la journée, commande des salades et des sandwichs sans gluten, et s'accorde chaque soir une à une heure et demie de pause amoureuse en compagnie de Louise avant de reprendre le travail.

Coincée par ses béquilles et ses derniers relents de mauvaise humeur, Marianne ne l'accompagne pas à la visite des locaux de Zoxy, un des fleurons locaux des nouvelles technologies, qui tient à son appellation « start-up » malgré les millions de chiffre d'affaires générés et ses centaines d'employés répartis dans le monde. Louise et le reste de l'équipe du Welcome Programme ont encouragé l'ensemble des participants à se déplacer jusque dans la Vallée pour visiter ces bureaux, « un modèle d'inventivité en matière de culture d'entreprise, un lieu dédié au bien-être au travail ». La « culture d'entreprise » ayant supplanté les vieux termes comme « ressources humaines » et même *team building*, il est fondamental que de jeunes entrepreneurs comme Lucas et ses congénères, qui s'apprêtent à diriger des équipes de dizaines de personnes, sachent créer la leur. Dans l'ensemble du monde occidental, les chômeurs se déversent par millions dans les rues pour réclamer des emplois ; dans la Silicon Valley, ce sont les millions que les entreprises déversent en spas internes et en cantines biologiques pour attirer les meilleurs talents. La compétition entre start-up pour séduire les développeurs est si rude que ceux-ci ne s'arrêtent même plus au salaire : peu importe le nombre de zéros, ils veulent des massages hebdomadaires, des salles de jeux vidéo ouvertes 24h/24 et des snacks de luxe. Résultat : les bureaux des start-up à succès se visitent comme des musées par d'autres entrepreneurs envieux qui, quand ils retournent à leurs studios miteux, ont bien du mal à se rappeler pourquoi ils ont refusé des centaines de milliers de dollars de salaire pour le seul plaisir de créer leur propre boîte.

« Bonjour, je m'appelle Tiffany, je suis *Culture Superhero* chez Zoxy. Bienvenue, voici vos badges, ils vous donneront le super pouvoir d'accéder à presque toutes les salles de Zoxytopia. »

La guide introduit ainsi leur visite des bureaux de la société, célèbre dans toute la Silicon Valley – que les salariés de Zoxy, soit les « zoxys », appellent entre eux Zoxytopia. « Incroyable », se dit Lucas, déjà émerveillé par le simple hall d'entrée de la start-up : le vaste espace de verre et de murs colorés est parsemé de salariés souriants, casques sur les oreilles et MacBook dernier cri posés sur les genoux. Pas un seul n'a l'air d'avoir plus de vingt-cinq ans, et tous se baladent avec un élément qui rappelle leur appartenance à l'utopie Zoxy : un T-shirt, un mug, un sac à dos ou un bonnet aux couleurs *corporate*. Les visiteurs passent l'étape obligatoire de l'inscription sur les iPad de l'accueil – tellement plus efficaces qu'une hôtesse, note Lucas – signent l'accord de confidentialité qui les lie avec Zoxy, et acceptent avec plaisir la bouteille d'eau vitaminée offerte par Tiffany.

À droite du grand hall, les salariés jeunes et sportifs de la start-up peuvent accrocher leurs vélos à côté de ceux mis à disposition par la société pour les zoxys qui voudraient aller déjeuner au parc ou rendre visite aux start-up voisines, raconte Tiffany. À gauche, sur un tableau noir qui recouvre entièrement le mur, les différents visiteurs ont pu laisser à la craie la marque de leur passage ; certains membres du groupe s'empressent de participer à l'effort collectif de colorisation, et dessinent dans les rares espaces vierges un maximum de drapeaux français. Surplombant l'amas de phrases colorées, quatre lettres volumineuses « H.U.G.E » – « énorme », en anglais – toisent l'ensemble du hall. Tiffany explique : chacune des lettres correspond à une des valeurs de la société. H pour *Heroic*, d'où les nombreuses références aux super-héros qui sont reprises dans l'identité de marque ; U pour *Unique*, que Zoxy retranscrit de façon pragmatique par une volonté de fer d'écraser l'ensemble de ses concurrents ; G pour *Galvanizing*, « et croyez-moi, tous les employés de Zoxy ressentent cette valeur-là au quotidien : c'est tellement excitant de travailler ici ! » précise Tiffany ; et enfin E pour *Elegant* : « Le produit Zoxy est reconnu mondialement pour la qualité de son design, et aujourd'hui, les bureaux et la culture zoxyistes en découlent » – Lucas se demande bien qui a pu récompenser le design d'un bureau dont le trop-plein de couleurs lui donne déjà mal à la tête, mais son enthousiasme ne retombe pas pour autant.

En descendant d'un étage, le petit groupe arrive sur le plateau de travail, où des dizaines d'employés besognent sur des tables aux formes ovales bizarroïdes. Si les couleurs des murs et l'irrégularité des bureaux apportent un peu d'originalité au lieu, ceux qui y travaillent, eux, sont d'une homogénéité parfaite : visages poupons, casques connectés sur les oreilles, piercings et tatouages, yeux rivés sur des Mac et pulls à capuche *corporate*. Leur look déjanté est leur nouvel uniforme.

« Ici personne n'a de bureau attitré, pas même le CEO », raconte Tiffany – « Zoxytopia est connue pour favoriser les échanges et casser les codes de la hiérarchie ». Un des membres de leur groupe intervient en murmurant : « Tu m'étonnes, les fondateurs n'ont même pas trente ans ! » Leur guide continue la visite : les différents espaces et les salles de réunion portent des noms de super-héros ; ainsi, on peut se donner rendez-vous en Wonder Woman ou faire le point en Hulk. Entre les open spaces, les architectes d'intérieur ont reconstitué des cabines de fusées grandeur nature qui servent d'isoloirs pour téléphoner, dans lesquelles le petit groupe ne manque pas de se ruer pour se prendre en photo. Derrière les fusées, et sur tous les autres murs, des phrases chocs censées motiver les équipes sont peintes de toutes les couleurs : « *Reach for the stars* », « *Yourself = NO / Your team = YES* », « *Don't be a hero – be a superhero* ». Lucas accepte de poser pour une photo en brandissant un poing imitant Superman.

Des écrans de leds rouges sont suspendus au-dessus des bureaux des différents pôles. Ils rappellent en clignotant les étapes restantes avant d'atteindre les objectifs de la semaine, fixés chaque lundi par les *Triumph Officers*. « Il n'y a pas de hiérarchie, chez Zoxy on fonctionne en mode projet : chacun est libre de proposer une nouvelle initiative, de composer sa *team*, et de remplir ses objectifs. Chaque projet est géré par un *Triumph Officer* – quand l'équipe arrive au bout, les écrans affichent un grand *Triumph* et on célèbre la réussite tous ensemble. L'année dernière, une *Triumph Team* a généré à elle seule un million de dollars de chiffre d'affaires en trois mois. C'était une sacrée soirée ! » confie Tiffany avec un clin d'œil.

Le petit groupe remonte à l'étage supérieur, de la même surface que le plateau de travail, mais intégralement consacré au bien-être des employés. À la cantine, plusieurs stands ouverts 24h/24 et sept jours sur sept proposent différentes options aux zoxys affamés : bar à céréales, salades végétariennes, poudres protéinées. Tous les midis *et* tous les soirs, des chefs étoilés viennent cuisiner pour l'ensemble des équipes ; ils connaissent les allergies des uns et des autres, acceptent suggestions et *desiderata*, et tous les vendredis, concoctent un plat de la région d'origine de l'employé le plus performant.

Entre la cantine et l'espace bien-être, le groupe traverse une petite zone de jeux, où quelques stagiaires jouent au ping-pong, et sur laquelle Tiffany ne passe que très rapidement: «Bon, ça c'est classique: ping-pong, baby-foot, fléchettes, comme il y en a partout.» Derrière, une immense salle de sport déserte déploie ses machines et ses poids entre des cloisons aux couleurs toujours aussi criardes. Seul un employé profite des infrastructures, marchant sur un tapis roulant tout en continuant de travailler sur son Mac, posé sur une plate-forme prévue à cet effet. «Les tapis ont été spécialement conçus pour que les zoxys puissent se dégourdir les jambes sans être coupés dans leur élan de productivité!» Un sauna, un salon de massage et des douches viennent compléter la salle de sport à disposition permanente de tous les salariés. «On a aussi une *maternity room* pour que les jeunes mamans aient un peu d'intimité», précise fièrement Tiffany en ouvrant la porte d'un petit placard doté d'un fauteuil et d'un lampadaire. «Ah, vous avez des jeunes mamans dans les équipes?» demande une des membres du groupe – Tiffany répond un peu gênée: «Euh, pas exactement. Enfin, pas en ce moment», et ferme vite la porte avant de passer à l'étape «salle de cinéma» de la visite. Ici, des projections de films – toujours de super-héros – sont organisées par l'équipe Culture tous les premiers jeudis du mois. À l'occasion, les fondateurs en déplacement convoquent les équipes pour un *conf call* géant lors d'une annonce importante: levée de fonds, résultats exceptionnels ou acquisition d'une autre start-up.

Le petit groupe émerveillé se reconstitue dans le hall bariolé. Pour conclure la visite, Tiffany fait passer au petit groupe un livre intitulé: *It's Time to Save the World.* «L'année dernière, Zoxy a été élue *The Coolest Place to Work* par le magazine *Forbes* – notamment grâce à notre livret d'accueil des nouveaux zoxys. Cent cinquante pages pour comprendre la culture propre à Zoxytopia et commencer son travail de la meilleure manière qui soit. Chaque nouveau a droit ensuite à une semaine d'intégration, comme à l'université, pendant laquelle il rencontre sa nouvelle équipe, d'autres membres de la Zoxy League, et a même un rendez-vous avec le CEO, qui rencontre personnellement chacun des employés. Et puisque l'on forme avant tout une grande famille, on pratique généralement une activité culturelle, une activité sportive, et on organise une grande fête à chaque intégration. La philosophie de recrutement, c'est qu'il n'y a pas que les compétences qui comptent. Tous les nouveaux sont des gens avec qui les zoxys auraient envie d'aller boire une bière. »

Tiffany récupère ensuite les livrets, qui sont, rappelle-t-elle avec sérieux, hautement confidentiels, offre à tous les visiteurs des autocollants et des stylos Zoxy, et les congédie avec un sourire éclatant.

Sur le chemin du retour, un membre du groupe entame la conversation avec Lucas en lui tapant sur l'épaule :

— Eh ben, c'était impressionnant, hein ?

— Carrément, répond Lucas, les yeux encore brillants d'admiration.

— Tu fais quoi avec tes nouvelles recrues pour leur arrivée, toi ?

— Ben... on leur a imprimé des cartes de visite, répond Lucas, hésitant.

— Ah... C'est déjà ça.

LES CONSEILS

"Define success on your own terms, achieve it by your own rules, and build a life you're proud to live."[24]
Anne Sweeney, co-PDG de Disney Media Networks

Il ne reste à Lucas et Marianne qu'une semaine avant de présenter une nouvelle fois leur start-up devant leur mini-promotion d'entrepreneurs français, et devant qui aura l'amabilité de venir les écouter: ce sera la «démo» finale, la conclusion du Welcome Programme. La perspective de ce nouveau pitch avait laissé les deux associés dans l'indifférence la plus totale lorsqu'ils avaient commencé le programme, puisqu'ils étaient arrivés à l'improviste, sans réelles attentes – si ce n'est la possibilité de rencontrer des investisseurs, objectif désormais caduc puisqu'ils ont pris la décision de faire pivoter leur produit dans une nouvelle direction.

24. «Définis le succès selon tes termes, accèdes-y selon tes règles, et bâtis une existence dont tu es fier.»

Cependant, depuis qu'ils ont entamé les démarches en vue de la résurrection de leur entreprise sous une forme nouvelle mais avec les mêmes ingrédients, ils voient dans cet évènement la possibilité de tester en conditions réelles l'effet de leur nouveau produit sur une audience captive. Pour Marianne, c'est une énième épreuve que cette prestation orale, un mauvais moment à passer qu'elle garnira de caïpirinhas pour compenser ; pour Lucas, ce sera une grande première : il prendra la place de Charles, recyclera ses blagues, et tentera coûte que coûte de dissimuler la moiteur de ses mains qui, il l'espère, ne se verra pas de loin.

Marianne ne quitte plus sa colocation au sol parsemé de câbles, entre lesquels elle emmêle ses béquilles. Ses interactions sociales se résument à accueillir les livreurs en tout genre qui lui apportent les plats qu'elle commande via des applications développées par des start-up comme la sienne. À chaque achat, elle ressent une double satisfaction à la perspective de remplir son estomac et de soutenir ce magistral mouvement d'*uberisation* de la société dont elle est témoin et actrice. On ne peut pas dire que ses colocataires mangent avec elle, dans la mesure où ils ne partagent pas de repas ensemble, assis autour d'une table en commentant la météo et la politique ; mais à différentes heures du jour, les livreurs se croisent sur le pas de la porte, et les colocataires avalent burgers, frites et tacos de concert, chacun de son côté du salon.

Quand Tristan insiste trop lourdement, Marianne finit par céder et accepte de lui parler sur Skype. La dernière fois, ils se sont presque disputés – « Un comble, ce mec n'est même pas mon mec et on s'engueule déjà », s'était dit Marianne. Comme il lui pose énormément de questions sur ce qu'elle fait à San Francisco, elle est bien obligée de lui raconter par le menu ses activités.

— Bah, là, par exemple, je bosse sur mon business plan, parce que c'est bientôt la démo de notre nouveau produit et qu'il faut que je sois capable d'expliquer notre vision, tu vois.

— Alors c'est quoi le plan ?

— Trois millions de chiffre d'affaires sur trois ans.

— Waouh, tu veux pas qu'on se marie, que j'en profite un peu ?

Malgré ses tentatives pour faire de l'humour, Tristan ne parvient pas à cacher son inquiétude. Marianne s'est blessée, elle a le visage émacié et le regard vide ; sa pâleur, accentuée par l'écran de son ordinateur, est fantomatique. Il finit par oser lui demander si elle n'en fait pas un peu trop, si elle ne se perd pas dans l'ouragan franciscanais qui incite tant à la productivité et la performance. Elle lui répond qu'il ne sait rien de ce qu'il faut faire pour monter une boîte, qu'elle va très bien, merci, et que ses trois millions, ils ne vont pas arriver par magie sur son compte en banque.

— Mais... pourquoi trois millions, au juste ? Tu vas en faire quoi, de tout ce fric ?

— C'est pas une question d'argent, c'est pour le réinvestir. Le but c'est... c'est...

— C'est quoi ?

— La croissance !

— La croissance... de l'argent ?

— Non, enfin aussi, mais c'est pas ça l'important.

— Si l'argent c'est pas important, pourquoi est-ce que tu fais pas une boîte qui gagne *moins* d'argent mais qui te cause pas des fractures et des déprimes ?

— Je suis pas déprimée, je suis résiliente.

— Ça me dit pas pourquoi tu cours après les montagnes comme ça, je croyais que tu voulais changer le monde ? Le produit tel que tu me le décris, j'ai pas l'impression qu'il sauve les baleines.

— C'est parce que tu vois les choses par le petit bout de la lorgnette : c'est une innovation, donc intrinsèquement, ça change le monde. Tu peux pas comprendre, toi tu fais ta petite musique dans ton coin...

— Ça veut dire quoi, ça ? Tu crois que j'ai envie de pianoter dans mon studio toute ma vie ?

— Ben... j'en sais rien. T'as envie de devenir une star internationale ?

— Bien sûr que non, mais ne sois pas si manichéenne : je peux ne pas avoir envie de devenir Michael Jackson ni d'être un boulet de musicos raté. Y a une nuance : je bosse sur mes projets, ils sont à mon image. J'ai une démarche artistique exigeante, et je sais que ça ne plaira pas à tout le monde. J'aimerais bien gagner ma vie avec ma musique, mais je sais que je ne ferai jamais des millions.

— Eh ben moi, je peux pas me permettre le luxe de la nuance.

— Mais pourquoi tu veux pas faire comme l'autre mec te disait l'autre jour... une boîte à taille humaine ? Comment il s'appelait déjà... le greco-turco-argentin, là.

— Ah, Elios. Non mais la leçon de mon histoire, c'était qu'il est arrivé là où il en est avec seulement quatre autres personnes, pas qu'il fallait reproduire le contre-exemple de sa boîte.

— Toujours est-il que ça me paraît assez cohérent comme discours. Mais quand je t'entends balancer des « On va faire trois millions » alors que tu n'as pas dormi depuis trois jours et que clairement, tu n'as pas l'air enthousiaste en le disant, je comprends nettement moins.

— Mais lâche-moi, un peu. Tu comprendrais si t'étais dans le milieu. C'est comme ça que ça marche.

— Alors déjà, je suis pas complètement inculte en business, je te rappelle qu'on a fait les mêmes études. Et puis je croyais que l'entrepreneuriat, c'était la liberté totale, qu'il fallait précisément ne pas faire « comme tout le monde », qu'il n'y avait pas de règles ?

— Si, y a des règles ; je n'essaye pas d'imposer une démarche artistique, je suis pas en rébellion. La règle quand t'es une start-up, une vraie, c'est : tu fais de la croissance ou tu meurs.

— Franchement, pour te mettre dans des états pareils, tu dois forcément être en rébellion contre quelque chose... Je sais pas quoi, mais tu l'es.

— C'est fini, la thérapie ? Je peux retourner bosser ?

— Oh, ça va, j'essayais juste de te donner des conseils.

— Eh ben c'est des conseils de merde. Voilà. Tu crois pas que j'en entends suffisamment, des conseils ? Un jour je vais voir un investisseur, il me dit que mes ambitions ne sont pas assez grandes, que si je veux pas lever minimum 1,5 million, on va me rire au nez, que mon concurrent va me piétiner en deux secondes, et le lendemain, d'autres me disent qu'au contraire il faudrait que je rentre à la maison faire un petit business familial ! Tout ça, autour d'un seul et même produit, d'une seule et même équipe. La valorisation de ma boîte passe du simple au quintuple d'un interlocuteur à l'autre. Un jour je m'imagine en CEO multimillionnaire qui fait un *burn out* et un infarctus à quarante ans, le lendemain en maman qui s'ennuie à mourir, qui travaille à la maison en élevant ses gosses. Personne n'est foutu de me donner un point de vue utile.

En tant que jeune entrepreneur, et certainement aussi parce qu'elle est une femme, Marianne reçoit des conseils quotidiennement, par dizaines, qu'elle le veuille ou non. Le moindre de ses interlocuteurs se sent dans l'obligation de donner son avis sur l'orientation stratégique que devrait prendre sa boîte. Ses investisseurs, bien entendu, ont à peine vu trois maquettes mais lui expliquent déjà quelle *killer feature* (soit « fonctionnalité qui tue », mais c'est mieux en anglais) va révolutionner sa courbe de croissance. Tous ses amis, les rares fois où elle a le temps de les voir, ont du mal à comprendre l'utilité de son produit et lui proposent souvent des alternatives – ponctuant leurs suggestions brillantes d'un « ça devrait pas être bien compliqué », alors même qu'ils ont encore du mal à faire la différence entre Twitter et WhatsApp. Ses quelques « beta » utilisateurs, se sentant privilégiés d'avoir accès à son produit en exclusivité, réclament de mineures améliorations, comme changer le menu, la fonctionnalité principale, le nom et la couleur de tous les boutons. Les soi-disant experts avec qui Marianne est constamment mise en relation, et avec qui elle passe une grande partie de ses journées à petit-déjeuner, déjeuner, boire des cafés ou faire des *conf calls*, prennent un malin plaisir à balancer *le* chiffre-clé lu sur un blog quelconque le matin même, et à en déduire *la* manœuvre stratégique numéro 1 que Marianne devrait accomplir dès le lendemain.

« L'avenir, c'est le m-commerce, tu devrais tout passer sur mobile. Tu sais qu'il y a près d'un milliard de smartphones dans le monde ? »

« Vous avez pas d'API ? Mais enfin, les business d'API sont les plus *scalables* du moment ! Franchement, faites votre API et basta, votre truc est plié. »

Parfois même, elle entendait dans la même journée : « Vous capitalisez pas assez sur votre marché de niche » et

« Votre marché est trop niche, ça peut pas fonctionner ». Les jours de fatigue extrême, ou de profond ras-le-bol, elle avait envie de leur hurler : « Bon sang mais c'est bien sûr – attends mais j'arrête tout, je jette mon code, j'appelle mon CTO et on se met à développer une boutique pour smartphones. C'est l'idée du siècle. L'Histoire se rappellera de nous comme de Newton. Faites péter la planche à billets, on arrive. Heureusement que tu es là, ces cinq petites minutes de réflexion avec toi ont été plus efficaces que l'année et demie qu'on vient de passer, à quatre personnes à temps plein, soirs et week-ends compris – vraiment, merci pour ta contribution. »

Craignant de renforcer les clichés des femmes hystériques en jouant à ce jeu-là, le machisme ordinaire étant la norme dans le milieu de l'entrepreneuriat, elle veille toujours à ne pas apporter d'eau au moulin des archaïsmes. Elle avait glissé à ses amis à un moment opportun qu'elle supportait mal les conseils inopinés des gens en général – la plupart en avaient tiré leurs propres conclusions et avait tout bonnement arrêté de l'interroger sur son travail, auquel ils ne bitaient pas grand-chose de toute façon.

Marianne écoute le plus souvent les conseils en hochant la tête et en serrant les dents. Elle réussit même parfois à tirer des banalités qu'on lui assène une once de bonne idée, se répétant à elle-même que c'est dans un grand volume de sable pourri qu'on trouve de l'or. Et quand Marianne trouve une pépite, elle lui apparaît aussi clairement que dans un tamis d'orpailleur.

Mais dans le cas de Tristan, elle est simplement agacée de son incapacité à se mêler de ce qui le regarde, et lui de celle de Marianne à ne pas voir le bien-fondé de ses mises en garde. Ils raccrochent fâchés, lui trouvant refuge dans la musique, elle dans les pizzas qu'elle continue de commander avec une simplicité déconcertante et d'ingurgiter en quantité industrielle.

* * *

Mis à rude épreuve par l'absence d'alimentation, une pratique sportive excessive, suivie immédiatement d'un gavage au gras et aux hormones des fast-food américains, le corps de Marianne prend des allures de pâte à modeler. Elle le constate, un peu décontenancée, en se palpant sous la douche : elle est toujours maigrichonne, ses côtes sont apparentes et ses hanches pointent sous son jean, mais les calories avalées se sont transformées en petits amas de tissus adipeux mous autour de son nombril et sur les côtés de ses fesses. « C'est quand même fou, le corps humain, se dit-elle, heureusement que j'ai personne à qui exhiber mes bourrelets d'anorexique. » C'est à ce moment précis qu'elle reçoit un appel du Dr Vinot. Assise à poil sur le rebord de la baignoire communautaire, elle admire son plâtre jauni pendant qu'il s'enquiert de sa santé. « Je participe à un dîner avec des amis entrepreneurs, pourquoi tu ne te joindrais pas à nous ? Ce sont des gens formidables, tu verras. Ils connaissent bien la Silicon Valley, je suis sûr que vous avez beaucoup de choses à faire ensemble. Et puis ça me ferait... hmm... plaisir de te voir », ajoute-t-il. Marianne, dont l'organisme est fatigué des nuits passées à travailler et de nutriments faibles en hydrates de carbone, ne peut pas refuser l'opportunité d'une rencontre à caractère business – elle prend son courage et ses béquilles à deux mains et commande un Uber sans prendre la peine de se maquiller.

Dans le Uber, le chauffeur à l'accent pakistanais lui demande :

— *You have a start-up?*

— Euh... *yes*, répond Marianne. Ça se voit tant que ça ?

— Ha, ha, vous avez... comment on dit... le look !

Marianne baisse les yeux sur sa tenue du jour, la même que tous les autres depuis qu'elle est arrivée à San Francisco : un jean et un pull à capuche, désormais trop grands pour elle, et un vieux sac à dos prêté par un de ses colocataires.

— *You know, I have a start-up idea myself.*

— Ah bon ? Voyez-vous ça, répond Marianne en se tassant dans son siège, résignée à faire la conversation.

— Oui, oui, j'ai pas peur d'en parler hein, cacher ses idées, c'est la première erreur de l'entrepreneur, je le sais, moi.

— C'est pas faux. C'est quoi votre idée alors ?

— Eh ben, vous voyez, moi j'ai ma propre voiture et je suis chauffeur Uber. Uber, ils ont juste créé le logiciel qui met en relation les gens comme moi avec les gens comme vous. Pas besoin d'acheter des voitures, pas d'assurance, donc pas de gros frais pour commencer. C'est juste une app !

— Hmm hmm.

— Moi j'ai plein d'amis et de cousins qui ont des voitures, c'est bien, ils peuvent faire Uber s'ils veulent. Mais j'en ai aussi plein d'autres qui ont des camionnettes et quelques muscles. Et qu'est-ce que les gens détestent encore plus commander que les taxis ? Les déménageurs !

L'attention de Marianne est soudain titillée : il n'est pas faux qu'elle déteste faire appel à des déménageurs. Et qu'il y a certainement beaucoup de particuliers qui seraient prêts à mettre du beurre dans les épinards en en déménageant d'autres.

— C'est pas bête du tout, en fait.

— *I've got it aaaall figured out.* Je suis pas mauvais en marketing, vous savez ? On commence petit, entre un quartier de S.F. où vivent les entrepreneurs qui déménagent tous les six mois et celui où il y a les magasins de meubles. Je diffuse une annonce dans mes réseaux pour recruter les premiers chauffeurs. Après, il faut sortir un *MVP,* voir s'il y a de la *traction,* enfin, vous connaissez tout ça !

— Ben... oui. Enfin, vous avez l'air de pas mal maîtriser non plus !

— Hey, je suis chauffeur Uber à San Francisco depuis suffisamment longtemps. Des entrepreneurs, j'en ai baladé entre ici et Palo Alto. Je connais tout, tout, le *proof of concept,* la méthode Agile, le *growth hacking,* j'ai même des contacts d'investisseurs.

— Alors vous vous lancez quand ?

— Oh, vous savez, je ne sais pas coder, moi. Et un développeur ici, à San Francisco, si on le paye pas 80 à 100 000 dollars par an, il préfère aller bosser chez Google ou Facebook. Vous ne savez pas coder, vous, par hasard ? demande le chauffeur en riant.

— Ah, non. Mais c'est dommage.

— On est arrivés ! Ajoute-moi sur Twitter, si tu entends parler de quelqu'un, tu me l'envoies. Allez, bonne soirée.

LA BUSINESS SCHOOL

"Those people who think they know everything are a great annoyance to those of us who do."[25]
Isaac Asimov, écrivain

« Quelle ville de fous », se dit Marianne en se traînant vers le restaurant chic de SoMa dans lequel son médecin l'a invitée. On ne peut pas dire qu'elle fasse une entrée distinguée : l'hôtesse lui demande « *May I take your jacket?* » alors qu'elle pousse péniblement la porte du bout de sa béquille, le front transpirant d'avoir parcouru à cloche-pied les quelques mètres qui séparaient la portière de son Uber de l'entrée du restaurant. Lorsqu'elle rejoint la table, le beau Dr Vinot est déjà assis en compagnie de deux de ses amis. Il a troqué la blouse pour sa tenue civile, décontractée mais proprette, qui laisse voir un bronzage californien que Marianne soupçonne d'être permanent. Il lui adresse un sourire plein de confiance

25. « Ces gens qui pensent tout savoir sont vraiment pénibles pour les gens comme nous qui savent vraiment tout. »

en soi qui fait apparaître des ridules au coin de ses yeux. Sa carrure athlétique lui rappelle celle de Tristan, c'est peut-être ce qui fait que Marianne le trouve particulièrement à son goût.

— Bonjour Dr Vinot, lui lance-t-elle tandis qu'elle s'assied péniblement, prenant appui sur ses béquilles.

— *Please*, appelle-moi Éric.

Marianne se présente rapidement aux deux autres entrepreneurs attablés, qui lui adressent un rapide signe de tête avant de reprendre leur conversation. Ils sont rejoints par deux autres amis du groupe, une femme et un homme, eux aussi américains. Entourée de quatre anglophones et d'Éric – parfaitement bilingue – s'exprimant à la vitesse de la lumière dans un anglais familier, Marianne a du mal à suivre les conversations. Les anecdotes échangées tournent d'ailleurs toutes autour de leurs années d'université et excluent *de facto* Marianne. Elle a beau s'accrocher, elle se retrouve vite tassée sur sa chaise à s'enfiler les verres de vin blanc qu'on lui a commandés d'autorité.

— On s'est rencontrés à Harvard. Moi j'étais en médecine et eux à la HBS, lui explique Éric en aparté.

— La... ?

— La Harvard Business School, lui répond Éric sur le ton de l'évidence.

— Ah oui, bien sûr, lui répond-elle, un peu gênée. Mais vous aviez le temps de vous faire des amis en dehors de votre *college*, toi en médecine et eux en business school ?

— Il sortait avec une bonne amie à nous, intervient un de ses amis, un air de défi sur le visage.

— Oui, oh, c'est une vieille histoire, balaye Éric.

— T'as bien failli l'épouser quand même ! rappelle-t-il.

Marianne peine à cacher sa gêne d'être considérée comme le rencard non bienvenu d'Éric, alors qu'elle ne demandait qu'à dîner en discutant poliment de business et de l'état de la Silicon Valley. Ce quiproquo ne fait qu'accentuer son mutisme, et elle sursaute de joie quand le serveur lui apporte son plat : manger lui occupera au moins un peu l'esprit et la rapprochera de la fin de ce dîner qui s'annonce embarrassant. Dans son assiette, elle ne découvre qu'un morceau de poisson de la taille de son pouce, exactement quatre haricots verts et une sauce mousseuse au goût indéterminé. Elle avale une grande lampée de Pouilly-Fuissé pour se consoler.

— Bref, transige Éric. Comment se passe ton business ? Vous savez que *Mary-Ann* ici présente est aussi CEO ?

Pas intéressé par l'invitation à se renseigner sur la vie de Marianne, le convive taquin se lance dans une longue diatribe sur le fonds d'investissement qui l'accompagne pendant que les trois autres l'écoutent avec attention.

— Franchement, j'en peux plus de 4tech – c'est le fonds principal qui a investi dans ma boîte, précise-t-il fièrement à Marianne, qui reconnaît le nom pour l'avoir lu dans de nombreux articles de TechCrunch. Les mecs ont 25 % de ma *cap table* maintenant, je fais des millions de *revenue* chaque année, et dès que je les appelle pour un service, ils ne sont pas foutus de m'aider.

— Chez moi, c'est pareil. J'ai demandé à mon fonds de me gérer le recrutement d'un *VP Marketing*, j'attends toujours de voir les C.V., rétorque l'amie entrepreneure à l'autre bout de la table.

— On en est tous là... j'hésite à les faire sortir au prochain tour de table. Toi *Mary-Ann*, t'as levé chez qui ? demande un des invités, soudainement intéressé par elle, restée silencieuse depuis près d'une heure.

— Ah, euh, hmm, moi j'ai pas levé d'argent auprès d'un fonds. Que des *business angels*.

Les quatre convives lui adressent de conserve un regard dédaigneux et reprennent leur conversation. Il suffit à Marianne d'une seconde pour comprendre que c'est la fin de sa contribution à la discussion. Elle perçoit dans le simple mouvement de tête de l'ami d'Éric qui lui fait face qu'il l'a déjà oubliée : elle est *out*. Leur conversation, c'est celle des *HBS kids*, de ceux qui ont réussi, ceux qui ont fait le MBA le plus prestigieux du monde ; dans la cour des grands, on lève des fonds auprès des capital-risqueurs les plus prestigieux, et si on n'en fait pas partie, on ne vaut pas la peine d'être considéré. Marianne n'a même pas eu l'occasion de se défendre, de montrer de quoi elle était capable, de préciser qu'elle aussi, elle avait fait une école prestigieuse – certes en France, mais quand même. Elle n'a pas pu rebondir sur les anecdotes de relations-investisseurs en racontant celles qu'elle avait vécues, ou qu'elle avait entendues ailleurs. Elle n'a pas pu donner son avis sur la réputation de telle ou telle institution. Dans l'esprit des autres autour de la table, elle n'existe plus.

Au fur et à mesure que le dîner avance, Marianne est de plus en plus ébahie face au manque de considération des amis d'Éric. Lui, de temps en temps, tente de la faire revenir dans la conversation, lui concède un rapide aparté ; elle voit bien ses efforts, mais ses tentatives se soldent par des échecs. Elle a arrêté d'essayer de balbutier des interventions, elle ne parle de toute manière pas assez vite pour son auditoire qui, en plus de la prendre pour une débile incapable, n'a pas la patience de déchiffrer son anglais approximatif. Elle capte des bribes d'échanges entre deux verres de vin :

— Non mais ma première levée de fonds c'était juste après Harvard, j'avais moins de réseau. Et puis je n'avais que 500 000 dollars qui dormaient sur mon compte, ça ne suffisait pas.

— Ton précédent associé, il avait pas fait un MBA aussi ?
— Si, si.
— Attends, tous les MBA ne se valent pas. Il avait fait quoi ?
— Stanford.
— Ah, Stanford, ça va.
Puis un peu plus tard :
— Non mais Lilac Capital, faut jamais bosser avec eux. J'ai déjà eu un rendez-vous avec un de leurs *partners* pour lui pitcher ma boîte. Le mec a repoussé le rendez-vous jusqu'à 20 heures, finalement on a dîné ensemble, il croyait que c'était un rencard.
— Oh ça va, fais pas comme si t'en avais pas profité !
Plus d'une fois, Marianne hésite à se lever et partir, mais raisonnable, elle renonce à jouer un mélodrame devant ceux qu'elle pourrait être amenée à croiser pour affaires – sait-on jamais. Elle va plusieurs fois aux toilettes, histoire de passer le temps, et scrute l'avancée de leurs microscopiques assiettes en espérant qu'ils ne se vengent pas sur un dessert. Quand le serveur vient leur proposer la carte, elle hoche la tête : « *No, thank you.* » Malheureusement les autres convives, eux, commandent des salades de fruits *no sugar* et d'autres verres pour faire passer le tout. Quand le dîner se termine enfin, Marianne agonise d'ennui et de rage de s'être fait ostraciser si violemment. Elle ne parvient pas à trouver le courage d'argumenter contre le partage à parts égales de la note et déglutit péniblement quand elle passe sa carte bleue pour se faire débiter de soixante dollars.

En sortant du restaurant, les amis éméchés parlent de rejoindre un bar tout proche pour continuer la soirée, ignorant proprement Marianne qui peine sur ses béquilles, son équilibre rendu incertain par le vin blanc. Alors que ses amis avancent au loin, Éric tient la porte et le bras de Marianne pour l'assister.

— Bon, vraiment désolé pour ce dîner raté, j'ai bien vu qu'on papotait trop à propos de vieilles histoires.

— Pas grave, répond Marianne.

— Laisse-moi t'inviter à boire un cocktail, juste tous les deux.

— Non merci, mais je veux bien un Uber ; je crois pas que je puisse tenir debout sans mes deux béquilles en main vu tout ce que j'ai picolé.

De l'autre côté de la rue, les amis d'Éric lui crient de le rejoindre, à grand renfort de « *Come on* » et de « *Buddy* ». Lui supplie Marianne de le suivre, et pour appuyer ses arguments, clame à ses compagnons l'impérieuse urgence qu'il ressent de se retrouver seul à seul avec Marianne. Ils répondent par des sifflements suggestifs.

— Bon d'accord, finit par céder Marianne, qui préfère encore perdre deux heures de son temps plutôt que d'accorder à ces entrepreneurs prétentieux le plaisir de récupérer leur ami.

— Encore désolé pour l'attitude de mes amis – ils ont pas mal de qualités, tu sais, mais j'imagine qu'ils ont un peu trop la tête dans le guidon, s'excuse Éric en s'asseyant à une table du bar dans lequel il a emmené Marianne, un bric-à-brac de salles et de recoins où l'on croise aussi bien des quadragénaires au champagne que des étudiants qui descendent des bières. Dans la tête de Marianne, un brouillard enjoué de Pouilly-Fuissé rend la réalité légère et flottante.

— Oh, tu sais, j'ai l'habitude. Dans ce milieu, la bienveillance est plus l'exception que la règle.

— Je vois qu'on a des points communs.

— C'est pareil en médecine ?

— Tu plaisantes ? Bien sûr ! D'ailleurs avec les amis que tu as vus ce soir, on est restés proches précisément parce qu'on n'est pas dans le même secteur. Sinon, à esprit de compétition équivalent, on se serait déjà frités plus d'une fois! À l'hôpital, c'est évidemment la compétition, les enjeux sont énormes pour les chefs de service; si on gère bien sa carrière, on peut bosser sur des cas qui font faire des bonds de dix ans à la médecine.

— Et... ce n'est pas trop dur?

— Non, j'adore ça. Ça me paraît moins difficile que pour certaines personnes parce que je suis passionné. Après, je dis pas que c'est facile: j'ai vu un paquet de gens laisser tomber, faire un *burn out*... comme tes collègues entrepreneurs. Moi, aujourd'hui, je suis le plus jeune de mon département à ce niveau de responsabilité – ça n'arrive pas sans se faire quelques ennemis. Tout le monde bosse beaucoup, mais ça ne suffit pas. C'est pas fait pour tout le monde, mais que veux-tu: je n'ai pas fait la Harvard Medical School pour aller ensuite soigner mes patients dans un petit cabinet de province!

Marianne se sent rassurée de pouvoir enfin échanger avec un membre de la gent masculine qui cumule les facteurs d'attractivité physique et de compréhension des tenants et des aboutissants de la réussite – ça la change de Tristan. Mais une part d'elle-même en est presque effrayée: comment Éric peut-il faire preuve d'assez d'humanité pour dédier sa vie au bien-être des autres, et avancer en même temps avec une froideur mécanique dans sa carrière, écrasant ses congénères pour servir sa propre réussite?

Aidée par les shots trinqués à la santé de Harvard, de la réussite et des millions, Marianne se laisse emporter par sa fascination pour son beau médecin. Un peu avant minuit, il lui demande: «On n'a rien bouffé dans ce resto, tu veux qu'on aille manger un morceau chez moi?» – et passe sa main autour de sa taille, suggérant toutes les autres choses qu'il aimerait déguster à l'occasion. Marianne attrape son verre, réfléchit deux secondes au trajet en Uber, au nombre de verres ingurgités, à sa libido en berne, aux diplômes de son rencard, et conclut :

— Je n'ai pas faim. Je suis pas contre baiser, mais j'ai pas le temps de traverser Paris... euh, S.F. Faudra que ça soit ici et maintenant, dans les toilettes.

Éric s'étrangle avec la vodka qu'il était en train de boire. En toussant, il acquiesce :

— Quoi ?! Euh, d'accord.

— Allez on y va, dit-elle en saisissant ses béquilles.

Dans l'antichambre qui précède les deux boxes occupés des toilettes, Éric embrasse Marianne avec peu de subtilité. Il passe des mains faussement assurées sous son grand pull à capuche, et gémit à moitié d'une excitation qui sonne faux. Marianne, elle, a la tête qui tourne de fermer les yeux pour se faire avaler la langue par son amant maladroit. Elle pose ses mains sur ses biceps, qui lui rappellent ceux de Tristan, dont les images du visage doux et bienveillant lui reviennent à l'esprit. Elle n'a pas vraiment pensé à lui pendant la soirée, son existence ne lui est revenue en tête que par flashs, en entendant Éric lui parler de ses études prestigieuses et de son appartenance à l'élite. Sa personnalité était à l'opposé de celle, modeste, de Tristan. Son souvenir plonge Marianne dans un état mélancolique : il lui rappelle Paris, le confort de son lit et la chaleur de son étreinte.

Au moment où la porte des toilettes s'ouvre, libérant la place pour les deux tourtereaux, Éric enlève ses mains et sa langue baladeuses, se recule et l'invite à le rejoindre. Il la regarde d'un air orgueilleux et conquérant.

Marianne, les fesses posées contre le meuble qui décore l'antichambre, en équilibre sur un pied, le pourtour des lèvres encore humide de la salive d'Éric, oublie petit à petit la nostalgie de la maison, elle n'arrive à se concentrer que sur une pensée : la perspective de voir le pénis d'Éric. « Je vais déballer son petit pantalon bien repassé et *voir sa bite* », se dit Marianne. Jusqu'à présent, elle n'avait eu que le fantasme un peu flou de fricoter avec son médecin bronzé et carriériste dans les toilettes d'un bar de San Francisco ; comme si elle en aimait davantage l'idée, ou le récit qu'elle s'en faisait, que la perspective que ça se concrétise. « Ai-je vraiment envie de voir son pénis ? » se demande Marianne. « Non, je crois bien que j'ai pas vraiment envie de voir la bite d'Éric. J'ai même pas envie du tout. Encore moins de devoir lui faire des trucs. Et puis qu'est-ce qu'il a à me regarder avec son air supérieur ? Je l'emmerde avec ses potes d'Harvard, il a qu'à leur montrer sa bite *à eux.* »

Alors Marianne prend ses béquilles et marmonne à Éric :

— Bof, j'ai changé d'avis.

Elle marche clopin-clopant vers la sortie, sous les interrogations entrecoupées d'insultes du Dr Vinot, qui justifie manifestement le rejet qu'il vient d'essuyer par la folie de son auteure.

Arrivée dans sa chambre, elle trouve Lucas endormi sur sa moitié de lit, la couette descendue au niveau des hanches. Depuis qu'il a des amis, une vie sexuelle normale et un régime alimentaire californien, son charme ne fait que s'intensifier. Marianne s'en rend d'autant mieux compte qu'elle a l'esprit encore plein de pénis, de perspectives de baise inabouties et de shots de vodka. Elle se déshabille maladroitement à côté de lui, sans prendre la peine d'aller se changer dans la salle de bains. Seulement, dans la tête sobre de Lucas, le fracas des béquilles dégringolant sur le sol fait beaucoup plus de bruit que dans celle, saoule, de Marianne. Il fait semblant de dormir lorsqu'il aperçoit qu'elle se met en culotte à quelques centimètres de lui.

Marianne considère Lucas, allongé à moitié nu dans leur lit. Elle croit bien que, si elle voulait, ils pourraient coucher ensemble et que si elle le lui avait suggéré une seule fois ces trois dernières années, il aurait accepté. Évidemment, ça serait une mauvaise idée, pour leur association, pour leur business, pour tout. Ça n'était pas la première fois qu'elle se retrouvait saoule en sa compagnie – mais il y avait quelque chose de différent chez lui aujourd'hui. Depuis plusieurs semaines, ils bossaient côte à côte sans échanger autre chose que des considérations stratégiques – il avait l'air excédé dès qu'elle refusait une activité, et elle était agacée à la moindre évocation d'un moment de bonheur franciscanais. Ils ne riaient plus comme avant – San Francisco avait nui à leur amitié, avait terni leur lien quasi fraternel.

Sans vraiment savoir pourquoi, elle décide de se glisser sous la couette, pas tête-bêche, comme d'habitude, mais à côté de lui. Lucas la sent s'installer, elle n'est pas en pyjama troué, mais en sous-vêtements. Il a leur cœur qui bat à tout rompre, sans comprendre. Il ignore pourquoi Marianne vient se coller à lui à moitié nue, il ignore même ce qu'il en pense réellement, et préfère continuer de faire semblant de dormir plutôt que de prendre l'initiative de lui tourner le dos ou de se rapprocher d'elle. Il a peur qu'elle se rende compte de l'intensité de son rythme cardiaque tant il n'arrive pas à réprimer son remous intérieur.

Marianne observe l'ombre des muscles de Lucas dans la pénombre. Dans un mouvement approximatif, elle se hisse plus près de lui, son cahotement maladroit n'a pour effet que de plaquer le front de Marianne contre l'épaule de Lucas, qui en frissonne de haut en bas. Puis la chambre est replongée dans le silence et l'immobilité. L'un comme l'autre attendent, fébriles, que l'autre se manifeste ; plusieurs secondes s'écoulent, puis plusieurs minutes. L'attente devient si longue que les deux associés finissent par s'endormir, laissant à la nuit le soin de camoufler leur indécision. Lorsque Marianne se réveille le lendemain, le cerveau battant dans ses tempes, Lucas est déjà parti.

LA DÉMO

"Don't worry about failure, you only need to be right once."[26]
Drew Houston, cofondateur de Dropbox

L'évènement auquel Marianne et Lucas vont dévoiler pour la première fois leur start-up ressuscitée se déroule à Mega-Volts – l'espace de coworking qu'ils avaient visité lors de leur première journée à San Francisco. Marianne y revient sur des béquilles, avec six kilos de moins mais trois bourrelets de plus et Lucas le cœur léger, doté d'une vie sexuelle et délesté du poids de la solitude.

Il admire sur scène sa dulcinée présenter le Demo Day qui, il le sait, a demandé des mois de préparation. Elle a convaincu des investisseurs et des journalistes de venir écouter les présentations, des sponsors de nourrir et d'abreuver tout le monde, et a même prévu une surprise qu'elle a refusé de révéler à Lucas. Debout devant l'auditoire, ses jambes

26. « Ne craignez pas l'échec. Il suffit seulement d'avoir raison une fois. »

fluettes moulées dans un pantalon au motif guépard violet et les cheveux réunis dans un fichu fluo, elle introduit celui qui sera le parrain de l'évènement et le président du jury qui désignera les gagnants.

— Certains d'entre vous savent que je vous ai réservé une surprise, confie Louise en faisant un clin d'œil à Lucas; la start-up que le jury désignera comme gagnante de ce Demo Day aura l'opportunité de pitcher... à TechCrunch Disrupt San Francisco!

Un murmure d'excitation parcourt la salle: s'il ne devait y avoir qu'un seul concours start-up qui compte, ce serait celui-là. Les plus grands succès de start-up ont tous passé l'étape TechCrunch Disrupt, même Fitbit et Dropbox. Accéder à cette scène, c'est déjà mettre un pied dans le succès. Le gagner, c'est la gloire assurée, et aussi 50 000 dollars dans la poche. La sélection est tellement rude que la plupart des entrepreneurs français ne prennent même pas la peine de soumettre leur candidature. Lucas s'imagine déjà tenant son micro devant le parterre de journalistes et d'investisseurs – il en est convaincu, s'ils sont là aujourd'hui, avec un *Minimum Viable Product* tout neuf et la possibilité d'être lauréats, c'est que les planètes s'alignent. «Encore un coup de génie de Marianne, l'idée de participer à ce programme», se dit-il.

La cérémonie continue, le parrain de la soirée, un entrepreneur américain à l'initiative de l'application mobile de découverte de vêtements la plus téléchargée aux États-Unis, se présente après avoir été introduit par Louise.

— Bienvenue Tom Ferras, nous sommes ravis de t'accueillir pour notre Demo Day. On ne présente plus ta société, ChooseFit; tu as récemment levé 25 millions de dollars auprès du très prestigieux fonds d'investissement Castor & Richmont, seulement trois mois après avoir effectué un autre tour de table de 4 millions. Ton application de sélection de vêtements et d'accessoires se retrouve régulièrement dans le top 5 des applications les plus téléchargées de l'App Store, et tu fais partie des *happy few* qui ont remporté le trophée de TechCrunch Disrupt. De quoi rendre jaloux les entrepreneurs de la salle qui viennent tous de la capitale mondiale de la mode !

La salle est parcourue d'un rire poli et d'applaudissements admiratifs, motivés autant par la plaisanterie moyenne de Louise que par son enthousiasme.

— Mais dis-nous, Tom, ce succès fulgurant n'est pas arrivé tout de suite dans ta carrière d'entrepreneur ? Tu as monté plusieurs autres sociétés avant ChooseFit ?

— Oui, avant ma boîte actuelle, je travaillais aussi dans les start-up, mais dans les énergies renouvelables. C'était pas un modèle de croissance qui me convenait, alors j'ai lancé une boîte dans la mode.

« Ça fait pas très "On va sauver le monde", échanger la planète contre des escarpins ! » remarque Marianne à voix haute. Son voisin, un des entrepreneurs les plus investis dans les activités du programme, réagit :

« C'est pour aller à TechCrunch Disrupt, pas à TechCrunch Sauvons-les-Pandas. »

Sur cette note philosophique, Marianne remarque que l'atmosphère, jusqu'alors teintée de franche camaraderie, a tourné à la compétition féroce, ce qui ne la dérange pas outre mesure, puisqu'elle n'a pas eu l'occasion de tisser des liens avec les membres de son petit groupe. En revanche, l'excitation de Lucas l'empêche de voir que ses prétendus amis sont devenus ses concurrents les plus impitoyables.

Seules dix sociétés du programme ont été retenues pour être pitchées lors du Demo Day, et celle de Marianne et Lucas passe en cinquième position. Ils attendent à la queue leu leu, les exposés ne durant que dix minutes chacun, questions du public comprises, prêts à dégainer leurs MacBook et leur connectique de vidéoprojecteur. Dans la file, un des membres du programme dévisage Marianne en équilibre sur ses béquilles :

— La chance, lui lâche-t-il.

— Hein ? réagit Marianne.

— Ben tu vas avoir un énorme capital sympathie sur scène.

— T'aurais voulu avoir le pied cassé toi aussi ? Ça fait des semaines que je suis plâtrée.

— Nan, mais je dis juste qu'aujourd'hui t'as un avantage, c'est tout.

— N'importe quoi.

Elle se retourne vers Lucas en levant les yeux au ciel. Ses concurrents sont prêts à trouver la moindre excuse pour se rassurer en cas d'échec. Elle, elle sait que montrer un signe de faiblesse devant des V.C. américains ne va pas lui apporter le moindre capital sympathie, bien au contraire. La faiblesse n'a pas sa place dans le monde merveilleux des licornes – mais elle se garde bien d'en faire part à son compétiteur, pas la peine de le rassurer quelques minutes avant leur passage.

Lucas pose une main hésitante sur l'épaule de Marianne pour la réconforter. Depuis leur interaction nocturne ratée, il ne sait pas trop quoi faire de son corps en sa présence. Il ne sait plus s'il peut lui faire la bise, lui taper dans le dos, toucher sa main en lui donnant un objet, ou si le moindre effleurement pourrait faire renaître cette ambiguïté qui s'est installée entre eux l'autre nuit. Il tente de chasser cette idée, il est déjà trop occupé à maîtriser la panique que génère sa toute prochaine montée sur scène. Il tapote fébrilement ses cuisses, tente de faire défiler mentalement les phrases qu'il devra prononcer devant le public, mais a déjà du mal à se rappeler le nom de son associée. Marianne, elle, a le visage fermé, le regard quasiment vide.

— Ça va ? T'as pas mal au pied ? lui demande Lucas.

— Non, ça va.

— C'est super pour TechCrunch Disrupt, hein ?

— Ouais, super, répond-elle sans enthousiasme.

Lucas hoche la tête sans oser insister. Son associée n'a pas l'air de vouloir épiloguer sur le sujet ni de songer à s'enquérir de son état psychique, même s'il ne serait pas contre un petit mot d'encouragement. Louise est trop loin pour pouvoir lui adresser quelque soutien – et si on reproche à Marianne de s'attirer les faveurs du jury parce qu'elle a des béquilles, qu'est-ce qu'on dirait de lui s'il roulait des pelles à l'organisatrice de l'évènement ?

La start-up qui les précède entre en scène. Le CEO, pur produit du système français des grandes écoles de commerce, essaye de cacher son appartenance sociale en troquant le polo pastel et les mocassins pour un T-shirt et des baskets. Il commence sa présentation d'une voix assurée, et avec un accent français légèrement teinté de celui du 16e arrondissement.

« Aujourd'hui, le contenu est roi. L'individu moyen passe près de quatre heures par jour à consommer du contenu : lire ou encore regarder des films. Notre téléphone est devenu notre principal fournisseur d'informations et de divertissements. Résultat : les éditeurs en produisent une quantité phénoménale, et la qualité est de plus en plus souvent au rendez-vous. Mais comment faire pour continuer à assimiler ces contenus à forte valeur ajoutée malgré leur nombre ? Certains prônent le retour en arrière : freiner les éditeurs, les brimer pour que les internautes n'aient plus accès qu'à un volume réduit de textes et de vidéos. Mais est-il souhaitable de revenir à l'âge de pierre du contenu ? Non. La modernité est en marche : la révolution digitale est *au moins* aussi importante que l'invention de l'imprimerie, et tout aussi irréversible.

Avec FlashRead, nous proposons une expérience d'amélioration des capacités humaines, afin de consommer plus de contenus, plus rapidement. Notre technologie est fondée sur la mécanique naturelle de notre cerveau qui parvient à déduire la signification d'un mot en identifiant un point central, en quelques millisecondes seulement. Grâce à notre système de lecture mot par mot, nous pouvons multiplier par trois ou quatre la vitesse de déchiffrage des textes. Mais FlashRead va plus loin que les textes : ce sont tous les contenus qui peuvent être absorbés plus rapidement. Notre *player* accélère aussi les vidéos : en effet, les recherches scientifiques ont prouvé que les diffusions à une vitesse de 1,2 à 1,5 permettent d'imprimer les messages tout aussi efficacement qu'à une vitesse normale. Et bientôt, notre outil sélectionnera automatiquement les images les plus pertinentes selon les besoins des utilisateurs, grâce à un algorithme. Notre ambition est simple : améliorer la productivité globale pour élever le niveau d'intelligence de la planète. »

Lucas et Marianne sont dépités. Lui parce qu'il a envie de télécharger l'application, et que s'il en ressent le besoin, alors le jury aussi, très probablement. Marianne, elle, se demande bien pourquoi on applaudit autant un produit dont le seul but est de transformer le grand public en robots prêts à gober un maximum d'informations prémâchées. L'équipe de FlashRead descend de scène et laisse place à Marianne et Lucas. Elle lit dans les yeux de son associé la nervosité et tente de lui adresser un sourire rassurant.

Marianne grimpe péniblement les quelques marches et avance à grands à-coups de béquilles vers le centre de la scène sous les encouragements du public compatissant, pendant que Lucas installe leur présentation PowerPoint. Il s'avance vers elle en la regardant droit dans les yeux. Ces quelques pas, pour Lucas, c'est la montée des marches à Cannes, c'est l'ascension du podium olympique. Il transmet avec ses yeux la volonté de conquête qui anime son corps entier ; s'il n'est pas encore victorieux, il se sent au moins combattant. Mais ses ondes de domination tombent dans le regard vide de son associée, qui se tourne vers l'auditoire.

Marianne prend une bouffée d'air avant de se lancer. Elle se dit que c'est un pitch de plus, elle en a fait tant ; qu'est-ce que ça change, que ce soit à San Francisco ? Que ce soit un nouveau produit ? Que l'enjeu soit TechCrunch Disrupt ? Là, au moment où l'air entre dans ses poumons, où la salle est silencieuse, où elle sent le regard de Lucas peser sur son profil, juste là, pendant une fraction de seconde, ça la frappe. Pendant un tout petit instant, juste avant que le premier son ne sorte de sa bouche, en un bref éclair, elle se demande *ce qu'elle fout là*. Elle se demande pourquoi elle est perchée sur des béquilles, à l'autre bout du monde, à répéter une énième fois qu'elle veut changer le monde.

Des hésitations, elle en a eu, en quantité industrielle. Sur son business model, sur sa stratégie financière, sur les fonctionnalités à mettre au calendrier ou sur la couleur de son logo. Mais jamais sur sa motivation à faire tout ça. Le « pourquoi » elle voulait être entrepreneur, elle n'avait jamais eu besoin de le justifier, il coulait de source, elle avait toujours su que si un jour elle devrait l'exprimer, elle n'aurait pas à le concevoir, elle n'aurait qu'à le découvrir. Elle n'avait jamais ressenti, jusqu'à présent, cette impression désagréable de ne pas être à sa place. D'avoir été posée au mauvais endroit ; comme si on l'avait déplacée, de force, sans qu'elle puisse opposer plus de résistance que le pion d'un damier qu'on aurait posé là. Elle se sent attaquée, déracinée ; elle a beau connaître les règles, être un pion comme un autre, elle n'est pas au bon endroit.

Brusquement confrontée à l'absurdité de la situation, elle se retient d'éclater de rire: affamée, mais en même temps nauséeuse d'avoir ingurgité trop de malbouffe, elle s'apprête à tenter de convaincre, sur un pied, un parterre d'investisseurs de mettre des millions de dollars dans un produit qu'elle vient à peine de créer, qui ne sauve pas plus la planète que l'application de mode du président du jury ou celle de lecture rapide de leur concurrent précédent. Et pourtant, elle va leur dire qu'il change le monde; elle va leur dire qu'elle a besoin de millions de dollars pour y arriver. Elle va leur dire qu'elle va venir s'installer dans cette ville qu'elle déteste et qu'elle ne comprend pas. Marianne, pendant une fraction de seconde, a l'impression d'être un pantin dont les cordes sont manipulées par un double d'elle-même – un marionnettiste farfelu qu'elle aurait connu un jour mais dont elle aurait perdu le numéro. Pendant une fraction de seconde, elle ne pige plus. Pendant ce bref éclair, qui ne dure pas plus de temps qu'il ne lui faut pour remplir ses poumons d'oxygène, mais qui lui semble une éternité et durant laquelle elle revoit ses crises d'angoisse et ses coups durs des derniers mois, elle est frappée par l'aberration qu'est sa vie.

Quand le son sort enfin de sa gorge, le doute s'évapore de son esprit aussi vite qu'il y était entré. Elle pitche. Elle pitche comme elle a toujours pitché, en cabotinant avec son associé et en exagérant ses courbes de croissance. Lucas se fait le défenseur de l'humilité, insiste sur le fait que le produit n'en est qu'au stade du *MVP*, qu'ils l'ont construit sur les reliques de leur précédent projet, Marianne rappelle que le potentiel de marché n'en est que plus grand. La voix de Lucas est tremblotante, il passe l'épreuve du feu la seule fois où leur démo implique un enjeu un peu substantiel, dans une langue étrangère, et devant celle qu'il tente à tout prix d'impressionner.

Comme pour les autres, les investisseurs du jury posent mollement quelques questions après leur présentation, et les deux associés descendent de scène sous des applaudissements polis.

Marianne et Lucas retournent s'asseoir. Ils n'ont pas été mauvais, même si Marianne sent poindre en elle la culpabilité d'avoir ressenti sa première piqûre de doute juste avant de commencer. D'une manière ou d'une autre, ça a dû nuire à sa prestation, elle le sait bien, même si elle ne l'avouera jamais à Lucas. Comme pour compenser son tort, elle tire Lucas par le bras pour aller se présenter à une journaliste. « Vite, avant que les pitches ne soient finis. »

Ayant retrouvé son sourire hypocrite, Marianne lance un grand « *Hiii, how are you?* », à la journaliste d'un autre blog « tech » qu'elle a reconnue à son badge. Elle sait que quand le gagnant aura été désigné, l'ensemble des médias n'aura d'yeux que pour lui, mais que si elle la joue finement, elle peut tenter de vendre un papier sur un sujet annexe – son parcours d'entrepreneure, de Française dans la Vallée, ou encore d'échec entrepreneurial qui se transforme en projet prometteur. La journaliste, glaciale, la toise d'un regard méprisant pendant qu'elle débite son argumentaire sans se débiner; Lucas, en retrait, sent la colère gonfler en lui à mesure que l'intérêt de la journaliste semble s'amenuiser sur son visage.

— Écoutez, je vais être très honnête avec vous, finit-elle par leur répondre. Je peux pas faire grand-chose pour vous. Votre produit n'a pas de *story*. Moi, je produis du contenu, il me faut des histoires, mes lecteurs veulent des histoires. Votre produit n'est même pas encore sorti, vous n'avez pas d'anecdotes d'utilisateurs, pas de croissance fulgurante... Je ne peux pas écrire sur toutes les pseudos-applis qui se créent dans le monde, sinon j'aurais pas fini...

Derrière Marianne qui ne décroche pas de son sourire, Lucas bout d'agacement en écoutant cette pouffiasse qui, sous prétexte qu'elle fait la pluie et le beau temps sur sa rubrique, se permet de juger leur travail acharné sans la moindre considération

— Et les femmes entrepreneurs, *please*, ça a été trop rabâché, ça ne suffit plus pour faire un papier. Qu'est-ce que vous croyez, y en a plein, maintenant, des femmes qui montent des affaires, il faut changer de disque.

Lucas, très probablement encore enivré de sa prestation, explose soudain derrière Marianne.

— Une *story* ? Vous voulez une *story* ? Je vais vous en donner, une *story* : cette fille-là, c'est une CEO qui s'investit absolument dans sa boîte, qui a une résilience totale face aux problèmes et qui affronte toutes les épreuves qu'elle rencontre avec un flegme complet. Elle ne se plaint jamais, elle baisse l'échine et elle avance. Elle est partie de rien, a tout quitté pour monter sa start-up, a déménagé dans un taudis et économise le moindre centime pour le réinvestir dans son produit. Alors oui, elle a fait des erreurs, on a fait des erreurs, comme tous les entrepreneurs, mais moi, je la connais depuis que j'ai huit ans, et je peux vous dire que Marianne, c'est une vraie passionnée de la technologie. Quand les petites filles jouaient à la Barbie, elle, elle construisait des ordinateurs. On a été les premiers de notre quartier à accéder à internet, et on n'était même pas encore au collège ! Elle est peut-être pas développeur, mais elle peut parler technologie mieux que la plupart des ingénieurs que j'ai rencontrés dans ma vie. Vous en connaissez beaucoup, vous, des femmes comme ça ? Moi pas, en tout cas !

La journaliste répond, flegmatique :

— *Sorry*, je fais pas d'articles sur les *MVP*. Rappelez-moi quand vous aurez un *Product Market Fit*.

Et elle fait demi-tour pour aller écouter les quelques présentations restantes.

— Waouh, je crois que je t'ai jamais entendu parler aussi longtemps, Lucas. Tu te la joues chevalier servant, maintenant ? demande Marianne en riant.

Vexé par la gifle de la journaliste, et en colère, il ne répond pas.

— T'en fais pas, va, ça arrive tout le temps. C'est une connasse qui se sent plus pisser parce qu'elle a un peu de pouvoir.

Pendant ce temps, le jury se réunit, et le président qui a préféré la mode aux pandas annonce fièrement le gagnant : FlashRead, qu'il s'est empressé de télécharger et dont il a adoré l'expérience. L'audience applaudit, le visage de Lucas se décompose. Marianne hésite à lui raconter sa fraction de seconde de doute, pour le rassurer et endosser la responsabilité de leur échec. Mais ils sont interrompus : le jury les appelle sur scène, ils sont deuxième. Ils n'iront pas à TechCrunch Disrupt, les investisseurs ne les contacteront pas pour les rencontrer, les journalistes ne les mentionneront même pas dans leurs brèves, mais en lot de consolation, Louise leur offre le cadeau du plus de l'évènement, un bracelet connecté qui mesure leurs dépenses énergétiques au quotidien.

Lucas, largement consolé par ce gadget, l'enfile instantanément en s'écriant que justement, il avait failli s'en acheter un. Marianne, elle, refuse de prendre la boîte que lui tend Louise : « Non, merci, pas besoin qu'on me rappelle par des bips stridents que je bouffe trop gras et que je dors pas assez. »

* * *

Quand Marianne et Lucas sortent de l'Uber qui les dépose devant leur porte, ils tombent nez à nez avec leurs colocataires brésiliens, qui chargent une petite camionnette.

— Vous partez ? leur demande Lucas.

— *Yes*, on vient de se faire racheter pour trois millions par notre concurrent américain. On déménage l'équipe à New York.

— Quoi ?! Enfin, bravo, mais hier encore vous...

— Oui, ça s'est décidé assez vite.

— Félicitations. Tout le monde part avec vous alors ?

— Oui, enfin, sauf Abiel. Il y avait... un problème de *cultural fit* avec le reste des équipes là-bas.

Au fond du couloir, Abiel traîne sa valise, l'air sombre. Lucas reconnaît celui qui avait débattu, pendant leur discussion sur la bulle technologique, contre ceux qui n'y voyaient qu'un phénomène naturel de marché, et avait prévenu de son explosion imminente.

— Eh ben, euh, bravo. On reste en contact.

— *Of course, cheers mate! And good luck!*

Quelques minutes plus tard, le camion est parti, la colocation est presque vidée de ses occupants, et il ne reste plus à Marianne et Lucas qu'à prévenir leurs stagiaires restés à Paris de leur échec au Demo Day, dans le silence de leur maison communautaire.

LA FEMME

"I've always liked simplicity."[27]
Marissa Mayer, PDG de Yahoo!

From : Alessandro – aless@thegang.co
Charlotte, this is Marianne. You should meet.

« C'est quoi ce bordel ? » s'était dit Marianne à la lecture du message expéditif d'Alessandro. Sans plus d'introduction, il lui avait imposé, comme ça, de rencontrer une inconnue. C'était probablement quelqu'un de très important – et même quelqu'un de très riche, comme le confirmait sa page Wikipédia, qui la situait parmi les entrepreneures les plus fortunées de l'univers des nouvelles technologiques. Et puisque la notoriété d'Alessandro dépassait largement le cadre de l'écosystème français, en quelques minutes, sans savoir non plus qui était Marianne, la Charlotte en question avait envoyé ses

27. « J'ai toujours aimé la simplicité. »

disponibilités, trois créneaux de trente minutes, répartis sur les cinq jours qui suivaient.

Marianne avait répondu dans la foulée à cette mystérieuse invitation qui, elle en était convaincue, ne serait qu'une entrevue networking de plus dont elle ne tirerait pas grand-chose. En arrivant au pied de l'immeuble de son interlocutrice, elle se demande même carrément ce qu'elle va pouvoir lui raconter : le lobby est rutilant, et son rendez-vous est au vingt-quatrième étage. On est loin de l'esprit « maison communautaire à la moquette qui sent la vieille pizza » auquel Marianne s'est habituée depuis qu'elle est coincée dans son salon à cause de son pied cassé.

Elle entre dans le bureau baigné de lumière et de dollars qui, à lui seul, suffirait à symboliser le succès. Son hôtesse l'accueille – elle porte un jean parfaitement ajusté, des lunettes de grand designer sur le nez et un sourire impeccable – et l'invite à s'asseoir avec elle, non pas de part et d'autre de son bureau, mais sur le canapé, dans le petit salon.

Marianne s'étonne de devoir enjamber, à l'aide de ses béquilles, quelques jouets et peluches pour rejoindre son assise. Elle découvre rapidement le responsable. Caché derrière la table basse, en train de jouer tranquillement avec des cubes de toutes les couleurs, se tient un enfant de deux ou trois ans.

— *That's Lilou, my daughter,* indique Charlotte comme si elle désignait un élément du mobilier. Bon, qu'est-ce que je peux faire pour toi ?

Marianne est légèrement prise au dépourvu, elle hésite à engager une conversation d'affaires en présence d'un nourrisson. Elle pose alors les questions d'usage quand on est un jeune primo-entrepreneur face à un symbole de la réussite : d'où vient Charlotte, comme a-t-elle eu l'idée de son business, quels conseils elle aurait à donner aux jeunes.

Charlotte lui explique dans un discours parfaitement maîtrisé que selon elle, tout est une question d'organisation. Elle a été capable d'optimiser tous les moments de son existence pour réduire les frictions et la perte de temps grâce aux merveilles de la technologie. Elle a même un agenda partagé avec son mari qui lui permet de déterminer quand elle a le temps de le voir, lui raconte-t-elle avec un rire mi-amusé, mi-fier. Gardant son air assuré, elle ose livrer quelques éléments stratégiques au cœur du succès de son entreprise.

Marianne, bien que captivée par le récit de Charlotte, ne peut plus se retenir de mentionner ce qui lui semble sauter aux yeux, et ose lui demander :

— Mais... enfin... désolée d'entrer dans le vif du sujet mais ça, là, dit-elle en pointant du doigt la fille qui porte son pot à crayons comme un chapeau – euh, *ça* n'a pas posé problème ?

— Qu'est-ce que tu veux dire ?

Marianne devine dans le regard de défi que lui lance Charlotte qu'elle sait très bien ce qu'elle veut dire et qu'elle a d'ailleurs une réponse toute prête – mais puisqu'elle s'est déjà embarquée dans le sujet, elle ne peut plus revenir en arrière.

— Eh bien j'imagine que je me demande si ça n'a pas été plus difficile d'être une femme, qui plus est jeune maman, et entrepreneure dans la Silicon Valley.

Comme prévu, Charlotte déroule fièrement sa réponse toute prête, réglée comme du papier à musique :

— Écoute, je vais être très honnête avec toi : je crois que les inégalités hommes-femmes dans l'entrepreneuriat, c'est plus une construction de l'esprit qu'autre chose. Je ne dis pas que ça n'a jamais existé, évidemment, simplement que c'est dépassé maintenant. Je vais même aller plus loin, puisqu'on est entre nous, je pense qu'on a tort de faire tout un plat sur la place des femmes. On en vient à ne se focaliser que sur le sexe des entrepreneurs. Je t'assure, à chaque fois qu'on m'interviewe, c'est pour me demander comment je vis le fait d'être une entrepreneure, alors que j'ai tout un tas d'idées sur le business, la croissance, etc. Je serais ravie de partager ça avec les autres femmes entrepreneurs, plutôt que comment je gère les couches-culottes et l'allaitement.

— Tu dis ça parce qu'on ne t'a pas mis de bâtons dans les roues – peut-être que si tu étais tombée sur un ou deux interlocuteurs machisto-lubriques, tu aurais un discours différent.

— OK, admettons que j'aie eu de la chance. Mais toi, tu en as connu, des lubriques qui t'ont empêchée de mener à bien ton business ? Est-ce qu'on t'a déjà refusé quoi que ce soit parce que tu es une femme ? Et quand bien même ça serait arrivé une fois ou deux, combien de fois tu as pu bénéficier de ton statut de femme pour obtenir un petit service, un article dans la presse, un passe-droit pour un évènement ? Si on met tout dans la balance, moi je te le dis : il fait bon être femme et entrepreneur.

Marianne marque une pause pour réfléchir. Elle qui a passé les trois dernières années à considérer cyniquement le milieu de l'entrepreneuriat comme un repère à pervers, a soudainement des difficultés à se remémorer une anecdote « lubrique » pour la relater à son interlocutrice. Il y a bien eu les fois où ses collègues l'ont complimentée sur sa mini-jupe, ou se sont moqués de son regard aguicheur, mais après tout, elle mate bien le cul de ses stagiaires, elle aussi, et elle profite effectivement de ses beaux yeux pour obtenir des faveurs. Entre collègues, on parle de sexe en général, pas de l'un ou l'autre des sexes. On use de son sex appeal, mais tout autant que l'on soit homme ou femme. C'est la vie, les hommes, les femmes, le sexe, rien de bien choquant. Elle n'a pas eu l'impression d'avoir été moins prise au sérieux que n'importe quel autre entrepreneur de moins de trente ans ; on peut dire qu'elle a été discriminée pour son jeune âge, mais pas pour sa condition de femme. Pourtant il y a bien quelque chose qui dérange Marianne dans son statut de femme et l'image qu'on renvoie d'elle.

Elle ne l'a expérimenté qu'il y a peu de temps. Au début de son aventure entrepreneuriale, on l'avait plutôt encouragée – hormis ses parents, qui avaient failli faire une crise cardiaque. On lui avait indiqué les réseaux de femmes, les initiatives féminines et les organisations d'entraide. Elle avait gentiment signé quelques contrats, recruté ses premiers employés, suivi des cours. Mais ça c'était quand elle jouait dans la cour des petits. Tout avait changé, finalement, le jour de la publication de son billet de blog et de son succès sur Hacker News. Ce jour-là, elle avait eu le droit de poser le pied dans la cour des grands, ceux qui ne se satisfont plus d'une croissance à deux chiffres, d'un marché infranational et d'une équipe de moins de dix personnes. Certes, elle avait toujours clamé son ambition : elle ne montait pas un business pour payer son loyer et assurer ses vieux jours. Elle voulait changer le monde, comme tous les autres entrepreneurs. Elle voulait faire comme ce qu'elle lisait sur les blogs, dans les biographies de grands entrepreneurs, ou sur les feuilles de cours d'Alessandro.

Rentrer dans la cour des grands, ce n'est pas aussi facile que de jouer avec les « petits » entrepreneurs. Dans la cour des grands, les femmes ne sont pas non plus stigmatisées comme des incapables et pointées du doigt pour qu'elles retournent faire la cuisine, mais Marianne le sent, il y a bien quelque chose de dérangeant. Quelque chose qui gratte, quelque chose qui est d'autant plus énervant que ce n'est pas flagrant.

— Bien sûr que personne ne m'a jamais mis une main aux fesses en rendez-vous commercial, ou qu'aucun V.C. ne m'a refusé ses fonds sous prétexte que j'étais une femme. Encore heureux, on n'est plus en 1920. Et sur le fait de n'accorder de l'attention médiatique aux femmes entrepreneurs que parce qu'elles sont des femmes – donc des OVNI, je suis d'accord –, c'est totalement contre-productif. Je me souviens d'avoir assisté à une conférence sur le e-commerce durant laquelle on avait interrogé la fondatrice d'un site de vente de vêtements vintage – un truc énorme, valorisé des millions – la journaliste lui avait demandé comment s'était passée l'organisation de son mariage... J'étais atterrée.

— Mais avoue quand même que tout n'est pas encore rose. Quand on est une femme et qu'on s'adresse à un homme, un client, un partenaire, un investisseur potentiel – surtout quand celui-ci a la bonne bedaine de la cinquantaine et les idées pas tout à fait ancrées dans les années 2010, il y a un bon 90% de chances qu'il s'adresse à toi en te disant « Ma petite demoiselle », « Comme c'est charmant », ou « C'est un plaisir de recevoir une jolie fille ».

— Et alors ? Profites-en justement ! Si c'est bon pour ton business, c'est bon pour toi ! réagit Charlotte en ne plaisantant qu'à moitié.

— Mais justement, je n'en veux pas, de cet avantage-là. Je sais que c'est hyper difficile de monter sa boîte et que je devrais profiter de tous les coups de pouce qui s'offrent à moi, mais je ne veux pas profiter de ceux-là. Ça m'horripile, et je finis toujours pas claquer la porte – tu parles d'un avantage.

— OK, je te l'accorde : il reste des cons sur Terre. Qu'est-ce que tu veux y faire ? Y a assez d'argent sur la planète pour faire sans eux.

— OK, je te suis. Imaginons un moment que ces mecs-là n'existent pas. Il reste tous les autres qui sont modernes et qui vivent avec leur temps : ils considèrent aujourd'hui que la femme est au même niveau que l'homme et la traitent en égale. Très bien. Sauf que pendant les cinquante dernières années, tout le fonctionnement de l'entrepreneuriat a été fondé sur des bases hypermasculines. Toutes les valeurs, tous les modèles, toutes les règles, tous les automatismes sont masculins. L'entrepreneuriat, c'est l'ultra-compétitivité, c'est un monde où marcher sur les autres pour gagner est un gage de solidité : on se bat à 1 000 pour le même morceau de pain, avec des ressources limitées. Si ton ambition c'est de conquérir le monde, alors il faut te battre avec ceux qui ont déjà connu le champ de bataille, et ces gens-là, ce sont des hommes. Les figures héroïques à qui on peut s'identifier, ce ne sont que des mecs qui ont passé la plus grande partie de leur vie de jeunes adultes cloîtrés dans leur chambre à coder et à bosser – à un moment où on nous demande à nous les femmes de nous préparer gentiment à nous reproduire. Les postes les plus valorisés sont les plus techniques, là où il n'y a pas de nanas parce que les écoles d'ingénieurs sont pas encore au niveau de la parité.

Si on est une femme et qu'on veut réellement se fondre dans la masse, il faut faire taire nos attributs féminins. Mais encore une fois, ça ne fonctionne pas : on attend de nous d'être « comme tout le monde », c'est-à-dire comme tous les hommes, mais en même temps d'être jolies, minces, féminines et de bonnes mères. En réalité, c'est dix fois plus difficile pour une femme que pour un homme.

Pour autant, je suis sûre qu'on est sur la bonne voie, et que dans dix ou vingt ans, quand il y aura autant de femmes que d'hommes dans ce milieu, l'ambiance « tout-masculin » se sera tellement tassée qu'on s'y sentira certainement plus à notre place. Mais en attendant que l'égalité soit réelle, je vois pas pourquoi on devrait fermer notre gueule et arrêter de se plaindre des inégalités.

— Eh bien, tu vois, Marianne, c'est là que je ne te rejoins pas, rétorque Charlotte en fourrant une cuillère Mickey remplie de compote dans la bouche de sa progéniture. Tu fais une grande distinction entre les hommes et les femmes, mais en fait, ce que tu devrais faire, c'est une distinction entre les « entrepreneurs » et « les autres ». Pour être entrepreneur, il faut être quelqu'un d'exceptionnel. Il faut avoir une vision quasi prophétique, prendre des décisions à chaque instant, impliquant la vie de plusieurs dizaines, voire centaines de personnes, gérer des équipes, convaincre à chaque seconde, manier des volumes de données immenses, savoir ne pas dormir ni manger, organiser son temps et ses ressources physiques. Dans la population générale, il y a peu de personnes qui en sont capables, c'est un travail d'athlète. Donc pour moi, Marianne, la question n'est pas de savoir en tant que femme ou homme si on a la capacité d'entreprendre. La question est de savoir si tu es un être suffisamment exceptionnel pour y arriver.

Marianne peste encore contre Alessandro au moment où elle franchit le seuil de sa colocation. Rétrospectivement, elle se demande bien comment elle a pu croire une seconde qu'il aurait pu être d'un quelconque réconfort, lui qui ne soutient ses poulains que lorsqu'ils sont en tête. Dépitée par sa journée comme par les précédentes, elle se tourne par automatisme vers le seul qui la console un peu : Tristan. Sur Skype, la voix triste et désabusée de Marianne inquiète son amant, qui la voit, de loin, passer par des phases extatiques de travail et d'autres de déprime et de lassitude. Marianne lui demande d'une petite voix :

— Tu me trouves comment ?

— Comment ça je te trouve comment ? Aujourd'hui ou dans l'absolu ?

— Je sais pas... qu'est-ce que tu me trouves, quoi ?

— Ben, t'es belle, t'es forte, t'es drôle, t'as plein de qualités.

— Oui, mais c'est des qualités que plein de gens ont, ça.

— Non, pas vraiment. Et puis, on s'en fout, c'est pas pour ça que tu me plais, c'est pour un je-ne-sais-quoi qu'on partage tous les deux, c'est tout.

— Oui mais... bon, rien, laisse tomber.

L'ARTICLE

"The key to getting a reputation for being brilliant is actually being brilliant, not just acting like you are."[28]
Seth Godin, entrepreneur et auteur

Marianne se réveille le plâtre posé sur le coude de son associé endormi. Comme chaque matin, elle consulte l'ensemble des notifications reçues pendant la nuit. Entre les e-mails de consommateurs délaissés par la réorientation stratégique de la société et les invitations à des ateliers censés régler tous ses problèmes d'entrepreneur, Marianne aperçoit un e-mail de Charlotte, avec pour seul objet: «Intro». Marianne n'a jamais reçu autant d'e-mails avec cet objet depuis qu'elle est CEO. Dans le milieu de l'entrepreneuriat, on adore s'introduire les uns les autres. Elle passe la plupart de ses coups de téléphone à demander «Tu m'fais une intro ?» ou à promettre «J'te ferai une intro» – le concept de l'intro a supplanté celui

28. «La clé pour avoir la réputation de quelqu'un de brillant est d'être brillant, pas simplement d'agir comme quelqu'un de brillant.»

des présentations. On ne fait plus des rencontres, on fait des intros.

La surprise de Marianne vient plus de l'expéditrice de l'e-mail. Pourquoi la Charlotte conquérante ferait-elle acte de bienveillance en l'introduisant à qui que ce soit? Quand Marianne lit le contenu de l'e-mail, elle est encore plus abasourdie: c'est à un journaliste de TechCrunch que Charlotte e-présente Marianne. Et sans tarir d'éloges sur le potentiel de son business et la qualité de son équipe. Marianne se redresse sur son lit, réveillant au passage Lucas. À ce moment-là, elle reçoit la réponse du journaliste, Alex, qui demande directement: « *Hey, nice product! Can I call you real quick?* »

« Oh-putain-oh-putain », marmonne Marianne en même temps qu'elle répond à l'e-mail et transmet son numéro de téléphone.

— Lucas, on va peut-être avoir un article dans TechCrunch!

— Hein? Quoi?

— Je viens de suivre le journaliste sur Twitter. C'est tellement une pointure qu'il a un pins bleu « Officiel » sur son profil.

— ... Quoi?!

Après son rendez-vous téléphonique – pendant lequel Marianne fait bien attention à *story-teller* son aventure entrepreneuriale de façon à transmettre un optimisme sans faille tout en gardant l'humilité du travailleur forcené – elle envoie un texto à Charlotte, la remercie de cette « intro », sans cacher sa surprise.

From: Marianne. Salut Charlotte. Merci beaucoup pour cette intro qui nous sera très utile. [emoji fusée] Même si je dois admettre qu'après notre conversation d'hier, je ne m'y attendais pas, dois-je en conclure que je suis suffisamment exceptionnelle ? [emoji qui cligne d'un œil et tire la langue] *Cheers*, Marianne.

Fidèle au rythme effréné des nouvelles technologies, Charlotte répond sans attendre.

From : Charlotte S.F. Hey, sorry si je t'ai parue un peu rude hier. Entre entrepreneures, faut se serrer les coudes. Si on n'est pas bienveillantes entre nous, qui le sera ? [emoji clin d'œil] À bientôt.

Pendant le reste de la journée, Marianne et Lucas attendent, fébriles, que l'article paraisse, sans parvenir à se concentrer sur leurs tâches respectives. Lucas demande toutes les demi-heures à Marianne si elle a du nouveau quant à la parution, si elle est bien sûre qu'il sera publié. Elle lui répond, inlassablement, qu'elle n'en sait rien, rien du tout.

Vers 17 heures, Marianne reçoit un tweet. Puis un deuxième. Puis un troisième. Un reflux d'activité issu des réseaux sociaux ne peut signifier qu'une seule chose, Marianne le sait. Le temps qu'elle passe à charger la page d'accueil de TechCrunch, à parcourir les articles en une, et à taper le nom de sa boîte dans le moteur de recherche, lui semble une éternité. Son rythme cardiaque est bien plus rapide que lors de n'importe quelle intervention à l'oral ou que durant n'importe lequel des rendez-vous investisseurs de ces derniers mois. Pendant ces quelques secondes de recherche, elle a le temps de s'imaginer tous les cas de figure, des plus réjouissants aux plus décourageants : la déception de réaliser qu'en fait, il s'agit d'une fausse alerte, la honte de lire un article critique et négatif, la désillusion de ne se voir accorder qu'une brève de deux ou trois paragraphes.

Et soudain il apparaît, le titre accrocheur, comme une invitation chaleureuse au clic, accompagné d'une capture d'écran miteuse de leur produit encore en construction. Marianne tourne son ordinateur vers Lucas, ponctuant son geste d'un solennel : « Ça y est. »

TechCrunch étant incontestablement le média le plus lu de la scène tech et start-up internationale, les dizaines et les dizaines de partages sur les réseaux sociaux s'accumulent rapidement. Marianne prend un plaisir maniaque à recharger la page web, constatant avec joie le nombre de partages augmenter : 4, 35, 98, 132. Si l'article n'est pas dithyrambique, il n'en reste pas moins franchement enthousiaste, seule une pointe de remise en cause est évoquée en fin de paragraphe, mais n'est-ce pas là le rôle de tout journaliste, après tout ?

Lucas est extatique : après avoir fait la une de Hacker News, leur société est maintenant dans TechCrunch. Peut-il y avoir plus grande consécration dans la vie d'un entrepreneur ? Pas sûr. Il ne leur reste qu'à boucler une levée de fonds auprès d'un fonds d'investissement prestigieux, et ensuite à se faire racheter par Google. Autant dire qu'ils y sont presque, finalement. Pendant toute la journée, et les jours suivants, Marianne et Lucas croulent sous les félicitations. Même Alessandro, qui respecte pourtant d'habitude l'adage « Loin des yeux, loin du cœur », leur a accordé un tweet de fierté. Deux des investisseurs qu'ils avaient rencontrés les recontactent : le vieux bedonnant français, à qui Marianne se fait un plaisir de répondre par un refus poli, et l'Américain rencontré lors de leur arrivée à San Francisco, celui dont l'attention avait été attisée par l'élan de folie des grandeurs de Marianne. Lucas s'étonne de son manque de réactivité ces dernières semaines : « Alors quoi, il ne nous donne aucune nouvelle et dès qu'un article sort, il réapparaît ?

— Eh oui.

— C'est...

— C'est magnifique, Lucas. La compétition dans ce qu'elle a de plus sublime. Le jeu des négociations dans son moment le plus intense. Il pensait être en position de force, nous mener à la baguette avec son carnet de chèques, mais là, bam, on a repris le dessus. Il sait qu'on va se faire contacter par d'autres V.C., il n'a plus beaucoup de cartes à jouer, il capitalise sur le contact qu'on a déjà eu. Il est pas bête, mais on n'est pas nés de la dernière pluie, on va pas non plus se laisser avoir aussi facilement.

— Euh... qu'est-ce que tu comptes faire ? Tu vas lui répondre quand même ? s'inquiète Lucas, alerté par la flamme de folie qu'il voit apparaître au fond des yeux de Marianne quand elle passe en mode bulldozer.

— Oui, bien sûr. Je suis pas dingue. Je le veux bien, son carnet de chèques. Mais je vais lui dire... « Cher Theo, merci pour votre intérêt. Nous avons en effet eu des propositions à des valorisations très intéressantes, mais restons curieux d'entendre votre offre. »

— C'est vrai qu'on a eu des propositions à des valos intéressantes ?

— Non, bordel. Lucas, tu comprends rien à la négo ou quoi ?

— Moi ? Absolument rien, non.

Lucas se tient informé de la discussion en cours entre Theo et Marianne, qui se déroule à coups d'e-mails de trois lignes. Mis en copie de tous les échanges, il s'étonne de la brusquerie de la conversation – il ne lit pas un seul « Bonjour » ou « Merci, à bientôt », mais en constate l'efficacité : en quelques minutes à peine, Theo a eu le temps de recevoir les tableaux financiers, les papiers administratifs et les C.V. des membres de l'équipe. En parallèle, Marianne harcèle sans vergogne ses avocats par téléphone, sans se soucier du décalage horaire. Lucas a l'impression de retrouver un peu de la Marianne qu'il connaît, celle qui fonce droit devant, sans regarder ni derrière ni sur les côtés, persuadée que c'est la bonne direction et qu'il faut y arriver le plus vite possible.

En réalité, Marianne s'est remise en mode pilote automatique. Comme la plupart des tâches qu'elle effectue depuis qu'elle a commencé son activité d'entrepreneur, elle n'a pas la moindre idée de ce qu'elle doit faire, si sa méthodologie est la bonne, ou si les décisions qu'elle prend sont pertinentes. Mais elle n'est pas immobilisée pour autant : ce qui fait d'elle une bonne entrepreneure, elle en est convaincue, c'est sa capacité à faire preuve d'un optimisme sans faille et d'une confiance sans limite dans les décisions qu'elle prend, pressée par le temps et l'argent. Son quotidien n'est qu'une succession sans fin de choix qu'elle effectue en grande partie à l'instinct. Et quand elle arrive au bout du bout d'une chaîne de choix binaires, et qu'elle est résolument dans une impasse, que les enjeux sont trop grands, son ignorance trop crasse, son ego trop malmené, là, elle sort son arme secrète : Alessandro. Quinze minutes d'Alessandro lui permettent de confronter ses idées à un miroir plus affûté, de faire le tri entre le fantasme du néophyte et l'intuition du génie entrepreneurial ; elle entend même la phrase « Fais ça », sans que ça l'agace ou qu'elle le soupçonne de manipulation. Elle est délestée d'un choix, libérée de son poids, et renforcée dans son principe d'action.

Dans ses échanges avec l'investisseur, ses avocats et divers membres de l'équipe, elle se retrouve confrontée à un nombre de choix aux enjeux colossaux, qui représentent autant de possibles pour sa vie future. Un jour, elle se voit à la tête d'une start-up en pleine croissance, à la valorisation qui ferait pâlir de jalousie les lecteurs de TechCrunch, même ceux de la Vallée. Pour y arriver, elle doit déterminer aujourd'hui que sa levée de fonds se comptera en millions, à l'image du chiffre d'affaires qu'elle anticipe de générer sur la base de prévisions d'acquisition de clientèle au doigt mouillé, d'estimations grossières de croissance du personnel qualifié, et de *scenarii* ultra-optimistes d'internationalisation. Le lendemain elle change de braquet, doit renoncer aux millions investis en capital-risque et opter pour des fonds privés : à moindres montants, moindres retours sur investissement, mais vision plus réaliste, plus moyen terme, plus en accord avec la possibilité d'une vie sociale et de week-ends en famille.

Un autre jour encore elle se voit à l'hôpital, sur le même siège que le patient croisé quelques semaines auparavant, à soigner son *burn out* financé par sa dette. Le lendemain elle s'imagine emmener le samedi au parc l'enfant qu'elle aura eu avec Tristan, et tolérer qu'on l'appelle « PDG ».

Et puis elle se voit faire les couvertures des magazines économiques et inspirer des générations et des générations de femmes entrepreneurs. Le lendemain elle se voit frustrée et acariâtre, à finaliser les fiches de paye d'employés médiocres dont elle aurait à se contenter, faute de pouvoir mieux les payer.

Elle décide d'appeler Alessandro. Elle lui explique les tenants et les aboutissants des choix financiers cornéliens qui la préoccupent et la mettent alternativement en position de pseudo-entrepreneur avec un pied dans le statut de mère au foyer et dans celle de requin *wannabe*-milliardaire au taux de cholestérol à surveiller.

— Tu vois, Alessandro, c'est génial d'avoir l'attention d'un V.C. On est ravis-ravis avec Lucas et l'équipe. Et de toute façon, à l'heure actuelle, on peut pas se permettre de faire les difficiles : sans un apport d'argent rapide, on met la clé sous la porte. Mais, bordel, on est trop jeunes. Je peux faire tourner un jour un business plan qui me place à 4 millions de valo dans deux ans et un autre qui me propulse à la vingtaine sur le même produit.

Marianne s'enfonce dans son siège, la jambe surélevée, en continuant son monologue. Quand elle arrive à court d'arguments pour et contre les différents *scenarii* envisagés, elle se tait enfin, et attend qu'Alessandro, son sauveur, prenne pour elle une décision majeure. Elle se redresse brusquement sur sa chaise quand elle entend sa réponse :

— Tu fais comme tu veux.

— ... Comment ça, « comme je veux » ?

— Ben, tu choisis, quoi.

— Mais... mais ça ne m'aide pas du tout ça, putain, Alessandro.

— Marianne, je peux pas décider pour toi de l'orientation stratégique de ta boîte à dix ans. Je peux pas décider si tu veux créer une licorne ou un poney : y a rien de mal dans un cas comme dans l'autre, au contraire, mais c'est à toi de faire ce choix. Je comprends que tu aies des doutes, tous les entrepreneurs en ont. Mais pose-toi cette question : si tu doutes, est-ce que tu n'as pas déjà un élément de réponse ?

Contrariée, Marianne hésite longuement entre le business plan raisonnable et moyen, et celui hyperbolique et mégalomane. Elle finit par présenter à Lucas les deux branches de l'alternative. Il lui répond, l'air perplexe :

— Mais enfin Marianne... je vois pas où est l'hésitation.

— Ah... Oui, non, enfin, moi non plus. Ha, ha, c'était pour vérifier.

Et elle envoie à Theodore le business plan des licornes, des milliards et de la démesure.

LA BEAUTÉ DE LA TECHNOLOGIE

"Be amazing, be everywhere, be real."[29]
Jason Calacanis, entrepreneur et investisseur

L'angoisse commence à ronger Lucas, lui d'ordinaire si impassible. Entre l'attente de la réponse de l'investisseur, l'inconnue quant à leur date de retour en France et le *cash* qu'il leur reste en banque, il n'arrive pas vraiment à cacher à Louise sa préoccupation malgré tous ses efforts pour paraître l'entrepreneur cool et décontracté qu'il imagine sexy aux yeux des femmes. Elle, dont c'est le métier de déceler chez les fondateurs d'entreprise les moments de doute, finit par le convaincre de passer avec elle une soirée en amoureux, sans téléphone, sans *chat*, sans code et sans start-up. Lucas pense: «Marianne va m'engueuler» – il lui répond: «Laisse-moi juste prévenir Marianne».

29. «Soyez merveilleux, soyez partout, soyez vrais.»

Lovés l'un contre l'autre dans le lit de la chambre d'hôtel de Louise, elle lui murmure sur le ton de la confidence :

— Tu sais, je voulais te dire un truc… Non, laisse tomber.

— Dis-moi !

— Non, j'ose pas, oublie.

— OK, « j'ose pas, oublie » sont exactement les mots qui suscitent le suspense le plus insoutenable qui soit. Donc, balance tout de suite.

— Bon, OK. Voilà, tu te rappelles le sponsor de l'évènement de démo ?

— Oui, fait Lucas avec une petite mine, ne s'attendant pas à se remémorer son échec pendant sa soirée en amoureux.

— Pardon, je voulais pas… bon, enfin bref. Le sponsor du bracelet connecté, celui qui mesure tes dépenses énergétiques et ton rythme cardiaque. Eh bien, cette même marque développe d'autres types d'objets connectés…

— Ah ? dit Lucas sans voir où Louise veut en venir.

— Plutôt de l'ordre du ludique. Et… hmm… pour les couples.

— Hein ? Un genre de gode connecté ?

— Des sex toys, oui.

— Mortel. Mais ça consiste en quoi un sex toy connecté ?

— Ben, c'est plutôt un truc pour moi, mais toi, tu peux le commander à distance, avec une app.

— Chouette. On en achète un ?

— À vrai dire, vu que c'était notre sponsor et qu'on a passé une grosse commande… Bon, je vois pas pourquoi je tourne autour du pot : j'en ai un. Là, avec moi.

— Tu… tu veux dire, à *l'intérieur* ?

— Non ! Merde ! Dans mon sac à main. Je voulais qu'on le teste, mais tous les deux. Je t'aurais pas foutu une télécommande entre les mains de but en blanc.

— Ça aurait été une approche certes directe, quoique pas forcément désagréable, lui dit Lucas en la serrant un peu plus fort contre lui.

— Bon, on essaye alors ?

— Ah oui ! Tu veux te mettre sous la couette ?

— Non, si on essaye, on fait les choses jusqu'au bout, je le mets, et on va dans un lieu public. Après c'est toi qui a la manette.

Lucas est si enthousiaste que dans la précipitation, il manque de se casser la figure en se prenant les pieds dans le tapis et de renverser la table de nuit, et remet nerveusement son T-shirt dans son jean à plusieurs reprises pendant que Louise s'occupe à faire son affaire dans la salle de bains avant qu'ils descendent au bar de l'hôtel. Quand elle sort, il lui demande : « Ça va ? » Elle répond en riant que oui, bien sûr que ça va. Dans l'ascenseur, faute de savoir quoi dire, il lui demande de nouveau si ça va. Cette fois elle ne répond pas et se contente de lui adresser un sourire complice.

Assis au comptoir du bar de l'hôtel, Lucas bafouille quand le serveur lui demande ce qu'il veut commander. Il n'arrive à penser qu'au jouet violet foncé en forme d'œuf, tranquillement tapi dans le vagin de sa petite copine, et dont les vibrations sont soumises à sa volonté. Louise pose son coude sur le bar et sa tête dans sa main ; de l'autre elle prend doucement la main de Lucas et continue de lui sourire – Lucas aime bien ça, chez Louise, ça ne la dérange pas qu'ils ne parlent pas ; elle a l'air d'aimer tout autant que lui admirer le temps qui passe en sa présence et n'a pas besoin de remplir le silence de conversations futiles. Autour d'eux, de toute manière, l'air est saturé de tension sexuelle. Dans sa poche, à côté de son érection latente, le téléphone de Lucas est déjà armé de l'application mobile censée contrôler le plaisir de Louise. Il finit par oser sortir son smartphone, jette un œil à Louise à la recherche d'un dernier regard d'approbation, et enclenche le premier mode de vibration de l'appli. Lucas craint que le bruit du moteur de l'œuf s'entende même au travers de la paroi abdominale de sa dulcinée, mais le brouhaha du bar à moitié rempli suffit à couvrir le vrombissement irrégulier.

Louise pousse d'abord des petits hoquets de surprise, rit un peu, contracte son ventre sans pouvoir se contrôler. « Ça fait bizarre », plaisante-t-elle. « Ça va ? Tu veux que j'arrête ? », lui demande Lucas. « Non ! » lui répond Louise.

Le serveur leur apporte à chacun un cocktail, et Lucas décide de passer au second mode : des vibrations plus fortes et plus rapprochées. Louise retient un gémissement et se tortille sur sa chaise. À défaut de pouvoir se saisir de son homme, elle se caresse les cheveux, se mordille les lèvres et souffle un peu plus fort.

Lucas a du mal à quitter Louise du regard, mais ne peut s'empêcher de vérifier autour de lui qu'aucun client ne les regarde. Les autres couples, les groupes d'amis et les serveurs occupés se fichent pas mal de leur petit jeu sexuel, dont ils n'ont de toute façon pas la moindre connaissance. Lucas est maintenant parfaitement à l'aise avec tous les modes offerts par son application mobile, et passe de l'un à l'autre, sans préavis. Elle commence à se tortiller de plus en plus sur sa chaise, à ne plus pouvoir retenir ses halètements : « Attends, putain. Pfou, oh, merde », parvient-elle seulement à lâcher à chaque fois que Lucas ajoute un degré d'intensité dans les vibrations qu'il lui envoie d'une simple pression de son doigt.

Un si petit geste et un résultat si efficace, se dit Lucas, enivré d'un sentiment de puissance absolue. Il a l'impression de comprendre le pouvoir envoûtant du musicien prodige : c'est le même type de beauté qui sort de l'instrument d'un génie créatif. Le plaisir sexuel et la mélodie peuvent tous les deux être le fruit d'un travail manuel, susciter des contractions musculaires involontaires, et maintenant, être contrôlés de loin par un chef d'orchestre.

À mesure qu'il voit le ventre de Louise se contracter, le sien se serre aussi ; il rêve de la saisir, de l'embrasser, et de finir par consommer avec elle l'excitation suscitée par l'expérimentation de leur nouveau jouet, mais il est tout autant curieux de savoir ce qui va se passer avant. Quel mode va-t-il choisir ? Les aléas langoureux, les staccatos brefs ? Va-t-il tout arrêter, la laisser pantelante, se faire désirer pour mieux la combler ensuite ?

Il regarde les grimaces de plaisir de Louise du coin de l'œil, tout en faisant mine de maintenir un semblant de conversation ; il tente de détecter sur son visage des indices qui lui permettraient de déterminer les préférences qu'elle camoufle autant qu'elle peut.

Alors que son souffle se fait de plus en plus pantelant, elle agrippe le genou de Lucas et le prévient en murmurant : « Je peux plus me retenir. » Lucas jette un coup d'œil au serveur occupé de l'autre côté du bar, guette les clients attablés aux alentours, se tourne vers Louise, regarde son téléphone, et d'un geste solennel, enclenche le dernier mode de son application. Plus intense et plus puissant, il libère Louise de son orgasme applicatif. Elle se retient de crier dans son cocktail, le seul contact maintenu avec le corps de Lucas restant ses doigts crispés enroulés autour de son genou.

« Un bien bel usage de la technologie », dit Lucas en rangeant son téléphone dans sa poche, l'air amusé.

***

Louise dépose Lucas devant sa maison communautaire. Marianne l'attend sur le perron, affalée à peu près dans la même position que les sans-abri qui ont établi un semblant de domicile devant leur porte. Elle sautille vers lui et lui montre son téléphone. Lucas y lit l'e-mail qui s'affiche :

From : Theodore Delavigne – theo@4fventures.com.
Marianne, Lucas – Your term sheet is on its way. T.

Lucas et Marianne n'en croient pas leurs yeux ; ils craignent que le contenu de l'e-mail ait la même virtualité que son format. Le *term sheet*, l'équivalent d'un compromis de vente immobilière ou d'une promesse d'embauche pour l'entrepreneur en quête de financement, c'est bien plus que toucher du bout des doigts le succès, c'est l'agripper à pleines mains, pour mieux l'embrasser de tout son corps une fois le montant reçu sur le compte en banque. Au-delà de sa valeur chiffrée, ou plutôt de la valeur chiffrée de la start-up dont il fixe noir sur blanc le montant, le *term sheet* a une valeur symbolique inestimable : il correspond à la reconnaissance du monde de l'investissement, à la preuve que ce projet-là mérite d'exister sur le marché.

En lui tapant dans la main et en criant sa joie avec elle, Lucas retrouve un peu plus sa Marianne. Elle est toujours blême et estropiée, ses vêtements tombent sur son corps comme s'ils étaient à la fois trop grands et trop petits, mais il reconnaît au fond de son regard la lueur conquérante. Grâce à elle, ils ont su prendre la bonne décision au bon moment : abandonner un produit bancal pour construire le prototype d'un nouveau, qu'ils ont mis au jour avant qu'il ne soit finalisé, pour ne pas perdre de temps. Et grâce à San Francisco, aux relations qu'ils ont pu nouer ici, aux évènements, et au je-ne-sais-quoi de magie entrepreneuriale qui règne dans la ville, ils sont parvenus à signer une *term sheet*, en à peine quelques semaines.

LE HACK

"As a start-up CEO, I slept like a baby.
I woke up every two hours and cried."[30]
Marc Andreessen, entrepreneur, cofondateur du fonds d'investissement Andreessen Horowitz

Puisque tous les colocataires de la maison du bonheur dans laquelle logent Lucas et Marianne connaissent l'importance de célébrer la réception d'un *term sheet*, ils se rejoignent tous au bar du coin de la rue, le seul à être à peu près accessible à béquilles et où la bière allégée coule à flot. Comme dans la plupart des bars de la ville, le niveau sonore des télés diffusant les derniers matchs de base-ball est couvert par les décibels de la mauvaise musique commerciale que crachent les haut-parleurs, elle-même couverte par les voix retentissantes des clients américains – ce qui constitue, pour Marianne et

30. « Quand j'étais CEO de start-up, je dormais comme un bébé. Je me réveillais toutes les deux heures et je pleurais. »

Lucas, une raison de plus de littéralement hurler leur succès en trinquant de leurs pintes dégoulinantes avec tous leurs voisins.

Dans le brouhaha général, Lucas se retrouve collé à Marianne, perchée sur un tabouret pour soulager son pied qui peine à guérir, faute de nutriments. Ils échangent un regard affectueux, et trinquent juste tous les deux. C'est pour ces moments-là, ces instants précieux savourés entre fondateurs qu'ils se battent. C'est dans l'intimité d'un regard échangé entre amis d'enfance et collaborateurs de galère qu'ils se délectent le plus de ce triomphe rendu public. C'est ce regard-là, le prix du travail acharné, la récompense de leur labeur, la médaille de l'entrepreneur.

Lucas sent son portable vibrer de manière insistante dans la poche de son jean. Croyant d'abord à des messages de félicitations, il n'y prête pas attention, préférant se les garder pour plus tard, les déguster un à un quand il sera de retour chez lui. Mais ne parvenant plus à se concentrer sur sa bière tant les vibrations se multiplient, il finit par sortir son téléphone. Il a reçu, et continue de recevoir, des dizaines d'e-mails : certains aux objets totalement abscons, d'autres signifiant clairement une alerte sur le serveur de leur appli. Il secoue le bras de Marianne :

— M... Marianne, ouvre notre appli.

— Hein, quoi ? répond-elle, les joues rosées par la fête.

— Ouvre notre appli, maintenant !

— OK, OK... tiens c'est bizarre, ça marche pas.

— Marianne, on s'est fait attaquer. Notre appli est inaccessible.

Marianne désaoule aussi sec. Les deux associés se précipitent sur leurs ordinateurs aussi vite qu'ils se seraient précipités au chevet d'un parent malade. En quelques minutes,

Lucas parvient à contacter ses stagiaires restés à Paris, pour qui la journée commence mal de leur côté de l'Atlantique. Il tire frénétiquement sur sa cigarette électronique, sans même plus prendre la peine de sortir pour ne pas déranger ses colocataires. Sur la vidéo Skype, Marianne voit des gouttes de transpiration couler sur le front gras du stagiaire. Elle leur laisse quelques minutes de répit avant de ne plus pouvoir résister à poser des questions :

— Qu'est-ce qui se passe ? On s'est fait hacker ?

— Pas exactement, on se fait attaquer, va sur notre site.

Marianne se rue sur une chaise libre et allume son ordinateur : « Error 500 ».

— C'est quoi, « error 500 » ? C'est notre hébergeur ?

— Le site a d'abord été hyper lent, je pensais que c'était juste une fatigue côté serveur, mais depuis une heure, il est complètement inaccessible, intervient un stagiaire.

— Je suis en contact avec eux sur le *chat*, là. Tu t'es loggé sur l'outil de monitoring ? lance Lucas au stagiaire.

— Ouais... on a quoi comme firewall ? lui demande-t-il en retour.

— ModSecurity. Les yeux de Lucas parcourent quelques lignes qui s'affichent sur son *chat*. OK, c'est bien un DDoS. Putain.

— Je comprends rien, merde ! crie Marianne.

Lucas lève le nez.

— En gros, un mec nous balance une masse de trafic tellement énorme que notre serveur n'arrive plus à gérer. Et pour maximiser la puissance de l'attaque, il a au préalable construit un réseau immense d'ordinateurs zombies, qu'il arrive à contrôler à distance, des botnets, pour que le flux de trafic soit distribué. D'où « Distributed Denial of Service ». DDoS. Un bon vieux DDoS.

— Ah, OK, donc en fait quand j'ai un investisseur, des clients, mon proprio et ma mère qui me font chier en même temps, je subis une attaque DDoS quoi.

— Exactement, tu te mets en Denial of Service et tu les envoies chier, et du même coup, tu envoies chier les gens sympas qui viennent légitimement frapper à ta porte. Genre, moi, quoi.

Lucas tire une grande bouffée sur sa cigarette électronique, fier d'avoir pu caser une blague en des circonstances si dramatiques.

— C'est une attaque volumétrique, reprend Lucas. En gros, ça ressemble à un embouteillage que des petits cons auraient créé en balançant plein de voitures au ralenti sur le périph.

— Mais quel enculé d'enflure suprême nous ferait ça ?

— Honnêtement, je sais pas si on va pouvoir le déterminer. Un DDoS d'une semaine contre un concurrent, ça coûte 150 balles au marché noir. Ca peut aussi être un ado un peu geek qui se fait chier – mais vu l'ampleur du truc, il est plus probable que ça soit une organisation un peu plus grosse. Je vois pas qui pourrait vouloir nous faire ça... On est peut-être un dommage collatéral à une autre attaque. Auquel cas on est dans la merde.

Lucas tente de garder son calme et de vulgariser au maximum l'information qu'il transmet à Marianne, dans l'objectif de la faire taire le plus rapidement possible pour qu'il puisse se remettre au boulot. Ce qu'il ne lui dit pas, ce sont tous les cas de figure catastrophiques qu'il envisage : ça fait partie de son métier de développeur d'envisager, de prévoir et d'anticiper tout ce qui peut aller de travers. C'est même ce qui résume le mieux l'ensemble des tâches qu'il effectue au quotidien : anticiper le fait que ça puisse ne pas fonctionner, qu'une fonction bugge ou que l'utilisateur ne clique pas au bon endroit.

Le comportement de l'attaque est assez peu commun: les vagues de trafic pourri ont d'abord été courtes, irrégulières, et relativement peu importantes, mais c'est maintenant de plus en plus de gigaoctets de données par seconde qui viennent inonder ses serveurs, et les gars du support de leur service d'hébergement n'ont pas l'air très optimiste quant à une solution rapide. Plusieurs branches de son infrastructure sont hébergées sur des serveurs mutualisés: si son hébergeur est victime d'une attaque généralisée, il est possible qu'il décide de leur couper les accès; couper le doigt pour sauver le bras, en quelque sorte. Il se peut même qu'il reçoive bientôt un message des pirates, réclamant quelques milliers d'euros en échange d'un arrêt de l'attaque.

— Il se peut aussi très bien que l'attaque s'arrête tout simplement dans quelques heures, tente Lucas, sans conviction.

— Quel genre de hacker de merde ferait ça? s'étonne Marianne. Et surtout comment est-ce qu'on peut les arrêter, bordel?

— Ça, ça dépend de l'ampleur de l'attaque, des parties de notre infrastructure qu'elle touche, et avec quelle méthode.

— OK, en fait t'en sais rien, quoi.

— Si, je sais, Marianne. Enfin je suis en train de le découvrir, mais je suis un peu occupé à te faire un cours sur le DDoS en parallèle, tu vois, répond Lucas, excédé. En attendant, préviens nos utilisateurs qu'on va avoir quelques heures d'indisponibilité.

Lucas n'ose pas dire «quelques jours» – il repense à la dernière grande attaque de DDoS, elle avait rendu inaccessible le site internet d'une des plus grosses sociétés éditrice de médias pendant près d'une semaine, engendrant des millions de dollars de perte. On avait même soupçonné des acteurs étatiques d'être à l'origine de l'attaque.

— Bon, je poste un tweet pour expliquer qu'on est *down*. Je dis quoi ? Je peux pas balancer sur Twitter qu'on se fait hacker comme des merdes ?

— Je peux pas encore te dire si on est en train de nous voler les données de nos utilisateurs. C'est le seul truc qui poserait vraiment problème, au-delà du fait que notre appli est pas utilisable.

— Oui, ce qui est un très, très léger problème.

Lucas se constitue en *task force* avec les équipes de son hébergeur, des experts en sécurité recrutés en renfort, ses stagiaires et quelques amis qui le soutiennent, autant techniquement que psychologiquement, à quelques clics de distance, sur un *chat* privé. Après plusieurs heures de tapotage incessant sur son clavier, il finit par lever la tête et remarquer :

— Tu sais... ça peut durer toute la nuit.

Marianne retourne à son bureau, son sentiment de rage n'est rien comparé à celui de son impuissance. Elle s'assied et se plonge dans le travail, en signe de solidarité avec ses équipes techniques qu'elle n'a jamais vues aussi concentrées que cette nuit-là. De temps en temps, Lucas l'interpelle pour la tenir au courant des évolutions de l'attaque, ou pour lui montrer une carte animée représentant les flux de trafic vérolé débarquant des quatre coins du monde et des tableaux aux chiffres abscons défilant dans tous les sens, sans que Marianne ne puisse en déduire la moindre information. Vers 5 heures du matin, n'y tenant plus, elle va s'allonger dans un canapé et s'endort, les poings encore serrés de colère, en marmonnant à Lucas : « Tu m'expliqueras ce que ça veut dire *mitiger le https*, s'il te plaît ? » Concentré sur la résolution de l'attaque, il répond : « Rien, Marianne, ça ne veut rien dire du tout. »

Quelques heures plus tard, Lucas réveille Marianne en sursaut :

— Marianne, Marianne, on est vraiment dans la merde.

Elle n'a jamais vu son associé dans cet état : il a le teint livide, les cernes plus violets que jamais, et si ses yeux n'étaient pas si bouffis par la fatigue, elle jurerait qu'il est au bord des larmes. Ils s'asseyent tous les deux face à l'ordinateur de Lucas.

— Les hackers qui ont lancé l'attaque… ils nous demandent une rançon. Cent mille dollars, payés en bitcoins.

— Quoi ?! Mais on n'est pas au Far West ! Qu'est-ce que c'est que ce délire ? Et puis je croyais que c'était un DDoS ?

— C'est une attaque combinée… DDoS et *ransomware*. Les gars plaisantent pas.

— Comment c'est possible ? Pourquoi nous, bordel de merde, on n'a pas un rond !

— Je sais pas… C'est peut-être notre article dans TechCrunch, ils ont cru qu'on avait levé des fonds, qu'on était les futurs Facebook, j'en sais rien, moi.

— Mais… c'était y a des jours ! Ça n'a aucun sens ! Tu vas trouver une solution ? Hein ?

Lucas regarde Marianne les yeux plaintifs.

— Y a pas de solution, Marianne. On a tout essayé. Le seul moyen de récupérer notre code, c'est de payer la rançon.

Marianne, la voix cassée éructe :

— Quoi ?! Tu déconnes ? Mais comment tu as pu laisser une chose pareille arriver ? Tu n'as pas prévu de nous protéger contre ce type d'attaque ?

— Ben j'ai… oh putain. Lucas plonge son visage entre ses mains.

— Putain… ?

— C'est Charles. C'est Charles qui devait changer ces paramètres. Je me souviens qu'on en a parlé la veille du jour où… enfin la veille de son annonce. Ensuite ça m'est complètement sorti de la tête, avec son départ, puis le déménagement à San Francisco… Marianne, je suis tellement désolé.

Marianne s'est rassise sur le canapé, livide.

— On peut rien faire. On peut rien faire.

— Non. On peut payer, ou oublier ce code, et tout recommencer.

— Et payer avec quel argent ? T'as cent mille balles sur ton compte, toi ? Tu crois pas que je vais demander à Theo une rallonge pour couvrir un hack qu'on a malencontreusement oublié de protéger ? On va passer pour des abrutis.

Lucas reste silencieux. Dans la maison, les bruits des premiers réveils se font doucement entendre. En Europe, les clients mécontents commencent à inonder les e-mails et les réseaux sociaux de complaintes agressives. Sur le créneau horaire américain, les insultes vont aussi commencer à pleuvoir. Impuissants, les deux associés restent prostrés devant l'écran de l'ordinateur de Lucas, à observer les notifications des tweets et des e-mails défiler. Leurs colocataires quittent progressivement la maison pour aller bosser, sans les voir. Il semble pourtant que toute la Twittosphère soit au courant de leurs mésaventures, et les utilisateurs, les influenceurs et autres membres de l'écosystème start-up ne tarissent pas de critiques : même pas capable de tenir la montée en charge, on n'aurait pas dû parler d'eux sur TechCrunch s'ils ne sont pas foutus de maintenir leur appli. Leurs compétences d'entrepreneurs, leur travail acharné, le potentiel mondial de leur app : tout est cloué au pilori.

Marianne et Lucas sursautent quand ils voient s'afficher à l'écran la notification d'un e-mail de leur investisseur, Theodore Delavigne. Fébriles, ils cliquent. Sans plus de fioritures que dans le message qui avait contenu le sésame de leur réussite, il fait tomber le couperet : *The deal is off.*

L'AMBITION

"I am an entrepreneur – 'Ambitious' is my middle name."[31]
Kim Kardashian

Lucas a mis le doigt sur ce qui fait qu'il aime tant la régularité. On lui a souvent dit que son caractère était un peu contradictoire : un geek est par nature un révolutionnaire, un perturbateur d'ordre établi, un hacker. Mais lui rechigne à changer de type de céréales pour son petit déjeuner, à faire des expérimentations vestimentaires, ou simplement à déménager. Il aime passionnément le changement du monde propulsé par la technologie et tout aussi profondément la stabilité de son quotidien. Aujourd'hui, il comprend pourquoi il est si attaché à son invariabilité : il a besoin de compenser le grand huit émotionnel que lui procure l'entrepreneuriat.

En quelques mois à San Francisco, il a vécu plus d'émotions que lors des vingt dernières années. La plupart d'entre

31. « Je suis entrepreneure – "Ambition" est mon deuxième prénom. »

elles se sont manifestées ces derniers jours, dont une large partie durant les quelques heures qui ont séparé le *term sheet* de son abandon. Marianne a tenté de le rassurer en lui faisant remarquer qu'au moins, une bonne leçon ressort de leur expérience : on ne se réjouit pas d'une levée de fonds avant d'avoir reçu l'argent sur le compte en banque. Lui, la seule leçon qu'il a tirée, c'est « Putain de bordel » et « Merde de saloperie ».

Le lendemain de l'attaque, Marianne et Lucas grimpent dans le Uber qui va les amener chez MegaVolts, où Louise leur prête une salle de vidéoconférence le temps d'échanger avec leur équipe de stagiaires à Paris.

— *Hello, we're going to Howard and 2nd, please,* rappelle Marianne à son chauffeur en s'installant sur la banquette arrière.

— *Hey, I recognize you,* avec vos béquilles ! Je vous ai déjà conduite ! s'exclame le chauffeur à l'accent pakistanais qui avait amené Marianne à l'hôpital.

— Ah, mais oui ! Bonjour ! répond Marianne. Alors, ce business de déménageurs, ça avance ?

— Oui, *I have great news,* j'ai levé des fonds, et j'ai presque trouvé un CTO pour rejoindre ma start-up. Si vous voulez profiter de ma conduite, faut se dépêcher parce qu'Uber c'est bientôt fini pour moi, ha, ha.

— Ah, bravo ! s'exclame Marianne d'un air hypocrite, puis en se tournant vers Lucas : Tu vois, même un chauffeur de Uber arrive à lever des fonds, et pas nous.

Une fois installés dans la salle de vidéoconférence ultra-moderne, Lucas et Marianne affichent un air morne et fatigué qui n'est pas même adouci par l'affichage des visages de leurs stagiaires dévoués à l'écran. Eux aussi ont l'air morne, mais surtout inquiet; et pour cause, Marianne et Lucas n'ont même pas le temps de débriefer l'attaque et ses conséquences que les stagiaires les préviennent:

— On se fait virer de notre bureau. Il faut qu'on soit partis à la fin de la semaine, rapporte, penaud, un stagiaire.

— Quoi? Comment ça on se fait virer?

— Oui, ordre du patron de l'espace de coworking.

— Et ces connards ont même pas eu les couilles de m'appeler pour me le dire? réagit Marianne.

— Mais attends, je comprends pas, on n'a pas de contrat avec eux? demande Lucas.

— Non, on n'a pas de contrat, c'est censé être une structure de soutien aux start-up, pas des enculés qui nous virent comme des malpropres. Qui est-ce qui vous a dit que vous étiez virés? demande Marianne à ses stagiaires tassés sur leurs sièges.

— Ben, c'est le directeur... mais il a dit que... enfin...

— Il a dit quoi, cette enflure?

— Il a dit... que tu ferais mieux de pas l'appeler, que le fait de le couvrir de vulgarités ne changerait pas la donne.

— Je rêve! Quel enculé!

Louise frappe doucement à la porte de la salle de réunion:

— Désolée, mais la salle n'est louée que quinze minutes et les prochains locataires sont déjà là... Je veux pas vous virer mais...

— Putain, mais qu'est-ce qu'ils ont tous, à nous faire chier! s'écrie Marianne en se saisissant de ses béquilles pour partir comme une furie.

Lucas marmonne des mots d'excuse à Louise et s'empresse de suivre Marianne, déjà en train de héler un taxi. Assis côte à côte sur la banquette arrière, les deux associés n'arrivent pas à échanger un mot. Lucas parce que c'est son état naturel,

Marianne parce qu'à défaut de savoir quoi faire, elle décide d'être en colère. La voiture étant coincée dans le trafic du centre-ville, Marianne finit par lâcher un « Putain », que Lucas considère comme sa manière à elle d'engager la conversation.

— Ouais... c'est... euh, c'est pas facile.

— Putain, Lucas, si c'est pour sortir des banalités pareilles, je préfère que tu restes silencieux.

— Mais qu'est-ce qui te prend ? D'abord tu envoies bouler Louise, qui ne t'a rien fait, et maintenant moi ? On n'est pas responsables !

— Oh ça va, elle va s'en remettre, ta princesse en sucre. On a d'autres chats à fouetter : on n'a plus de cash, plus d'appli, on est passé à côté du seul investissement qui aurait pu nous tirer d'affaire, on n'a plus de locaux, une équipe de stagiaires SDF, et à peine de quoi se payer les billets d'avion pour rentrer chez nous – où on trouvera... je sais même pas quoi.

— Oui ben je suis au courant, mais...

— Et puis d'abord, le coupe Marianne, bien sûr que si, c'est de ta responsabilité. T'es CTO, c'est ta boîte, t'es responsable.

— Tu sais bien que c'est pas ce que je voulais dire. Je sais que je suis responsable... Mais pas... enfin pas...

— *Hey*, dit Marianne au chauffeur qui s'arrête sur le trottoir. *It's not here*, il faut aller deux *blocks* plus loin, puis prendre la parallèle, sur Folsom.

— *Can't do*. Je dois vous arrêter là, je peux pas aller plus loin à cause de la Folsom Street Fair.

— Quoi ? C'est quoi ça ?

— Vous n'avez pas reçu les informations dans votre boîte aux lettres ? Les voisins de la Folsom Street Fair sont prévenus des mois à l'avance normalement !

Marianne et Lucas constatent dépités les barrières en métal qui les séparent d'une manifestation publique au loin.

— Vous allez devoir marcher pour les deux *blocks* restants, *police orders.*

— Deux *blocks*? Mais ça va me pendre quarante-cinq minutes sur mes béquilles ! s'exclame Marianne.

— C'est quoi, cette manif? demande Lucas.

— Euh... Vous feriez mieux d'aller constater par vous-mêmes, leur répond le chauffeur en ouvrant la portière de Marianne qui peste des « Putain de sa race » en s'extirpant de la banquette arrière.

Marianne et Lucas s'approchent des barrières et se font accueillir par un quinquagénaire vêtu exclusivement d'un veston de costume, laissant apercevoir un ventre velu et rebondi et des tétons affirmés.

— Vous avez déjà vos tickets ?

— Euh... on habite ici.

— Ah, *well, hello lovely neighbors!* Si vous souhaitez prendre un ticket pour faire un don à l'association d'aide à l'acceptation des différences, c'est cinq dollars. Toute contribution serait *much appreciated.*

Culpabilisés par le sourire forcé et les tétons accusateurs de l'ouvreur de rue, Marianne et Lucas se sentent obligés de verser les dix dollars réclamés pour rentrer chez eux. Marianne s'enquiert de la possibilité de se déplacer sur ses béquilles en apercevant, au loin, une foule dense et bruyante.

— Oh, aucun problème, *neighbors.* L'esprit de la Folsom Street Fair est tout à fait *peaceful* et bon enfant.

Alors que Marianne et Lucas s'enfoncent dans la rue adjacente pour rejoindre leur avenue, dont ils perçoivent le bourdonnement de la foule, Lucas s'étonne du tract reçu en échange de leur don à l'association.

— On dirait une pub pour un sex shop, regarde. Y a des gays musclés en combinaisons en cuir sur la photo ! Je me demande quel type de différence on a soutenu avec nos dix balles...

— Cherche pas, ils sont fous, ces Américains, réplique Marianne.

— Tu vois, répond sèchement Lucas en changeant radicalement de ton, t'es encore négative. Je ne peux plus faire une seule remarque sans que tu n'en imputes la faute à l'Amérique. Si tu détestes tellement ce pays, pourquoi est-ce qu'on est venus ?

— Excuse-moi d'être de mauvais poil, je te rappelle que notre boîte est en train de se casser la gueule parce que des hackers nous réclament cent mille balles. Euh, je viens de croiser un mec en mini-jupe en cuir, et je suis quasiment sûre d'avoir aperçu un de ses testicules dépasser, s'interrompt Marianne.

Autour d'eux, des passants rejoignent également Folsom Street, mais pour participer à la fête. Marianne et Lucas, trop préoccupés par leur dispute, n'avaient pas remarqué les tenues pour le moins originales de la plupart des flâneurs. Certains d'entre eux arborent sobrement des bottes et une casquette en cuir, et tiennent à la main une cravache. Il manque à d'autres soit le T-shirt, soit la partie de tissu qui recouvre leurs derrières, et ils exhibent ainsi d'un côté des poitrines percées, de l'autre des fesses rebondissant au rythme de leur démarche enjouée. À mesure que les deux associés s'enfoncent dans la rue de plus en plus bondée, les vêtements classiques se font de plus en plus rares, et les lanières de cuir de plus en plus fréquentes. Arrivés au coin de la rue menant à leur avenue, ils constatent, effarés, l'ampleur du phénomène. Les trottoirs d'habitude plutôt vides sont remplis à ras bord d'une foule dense et largement dénudée. Des hommes et des femmes de tous les âges et de toutes les morphologies se promènent gaiement, les seins, la bite, et les fesses à l'air, un fouet à la main ou un harnais de laisse humaine sur le dos. Le tout laisse échapper des odeurs de transpiration et de mauvais lubrifiant. Bouche bée, Lucas et Marianne déchiffrent au-dessus de cette masse de chair humaine la banderole hissée fièrement de part et d'autre de leur rue : « Folsom Street Fair – 1er Festival Mondial des Sado-Masochistes ».

— Tu vois qu'il se passe des trucs bizarres en Amérique ! s'exclame Marianne, prenant pour témoin la festivalière que tout le monde applaudit devant eux, en pleine démonstration de hula-hoop, vêtue exclusivement d'un string à paillettes rose et de chaussures à plates-formes.

Lucas bafouille, perplexe, l'esprit brouillé par le stand qu'ils longent et qui offre gratuitement aux passants des fessées au martinet. Entre quatre banderoles de sécurité disposées au milieu de la rue, au vu et au su de tout le quartier, des sado-masos envieux font la queue leu leu et admirent la chanceuse à califourchon sur une chaise de massage, les fesses rougies par les coups de fouet. L'animateur, encouragé par sa victime comme par le public, lui crie : « Ouh, *you like that, little bitch?* » et lui assène de nouveau des coups de cravache, provoquant des contorsions de plaisir chez la femme et toujours plus de regards lubriques des spectateurs. La curiosité de Lucas est plus forte que son dégoût, et il se risque à regarder le visage de la participante : elle se mord la lèvre de plaisir, et gémit presque aussi fort que les encouragements du public.

— De toute façon, reprend Lucas, ton problème, c'est pas notre hack.

— Qu'est-ce que tu veux dire par là ? demande Marianne sur la défensive.

— Attends, on avance, j'entends rien avec les coups de fouet.

— Deux secondes, j'ai des cloques sur les mains, je peux pas avancer plus vite, se plaint Marianne.

— *Han-han – oh yes, harder, HARDER!* s'exclament les participants à l'atelier voisin.

— Tu es bizarre depuis qu'on est arrivés à San Francisco, et c'est allé de pire en pire. J'ai cru que ça allait mieux quand on a eu notre article dans TechCrunch mais ça n'a été que de courte durée. Tu es complètement en train de t'autodétruire.

— Tu insinues que c'est de ma faute si on est au bord de la banqueroute ?

— Mais pas du tout, je te dis que je me fais du souci pour toi. Tu ne prends plus aucun plaisir à travailler...

— Non, c'est sûr qu'aujourd'hui c'est pas une partie de plaisir, contrairement à ces amateurs de fouets qui eux, ont l'air de carrément s'amuser...

— Change pas de sujet. Ouvre les yeux, Marianne, tu t'étais fait une idée tellement idéalisée de la Vallée que tu n'as pas du tout accepté la réalité. On dirait que ton corps fait carrément un rejet physique !

— Et toi ça te convient ? T'as envie d'être ici ? De lever des fonds, de déménager dans la Vallée ? De quitter Paris et ta petite vie bien réglée à laquelle tu n'as pas modifié un détail depuis quinze ans ?

— Mais oui, Marianne, oui ! Je sais que San Francisco a ses défauts. Euh, les mecs à poil qui se tripotent les fesses en pleine rue, par exemple. Enfin plus sérieusement, c'est là que ça se passe ; là qu'il y a l'écosystème, les investisseurs, la technologie. Marianne, toute ma vie j'ai été en marge de la société. Quand on était gosses, tu étais la seule amie qui rassurait mes parents sur le fait que j'étais en mesure d'avoir une vie sociale. À l'école, les gamins ne voulaient pas jouer avec moi, j'ai toujours été plus intéressé par le code et par les jeux vidéo que par les gens. Ado, n'en parlons pas, j'ai passé plus de temps avec mon ordinateur qu'avec des êtres humains, famille et profs compris. Même en école d'ingénieurs j'étais pas tout à fait comme les autres : mes camarades de classe commençaient à mettre des costumes et à aller passer des entretiens chez Alstom ou chez Airbus, alors que moi je zonais déjà toute la journée sur Reddit à coder des petits projets avec des inconnus au bout du monde. Personne n'a jamais compris ça, personne ne m'a jamais pris au sérieux, mais je suis pas resté dans mon coin parce que j'étais timide, Marianne, je bossais sur mes projets parce que je suis convaincu que la technologie peut changer le monde. C'est pas plus compliqué que ça. Mais essaye un peu de dire ça à ton prof de sciences nat' au collège, ou même à quelqu'un de l'écosystème à Paris : tout le monde se branle la nouille sur l'entrepreneuriat à HEC, mais y en a pas un pour me prendre au sérieux quand je dis ce que je pense. La technologie va changer le monde. C'est déjà le cas. Et je veux en faire partie.

Quand je suis arrivé ici, Marianne, j'ai ressenti pour la toute première fois de ma vie que j'étais à ma place. Ici, à San Francisco, au milieu des geeks et des *weirdos* qui pensent pouvoir envoyer des fusées sur la Lune depuis leur jardin ou changer la manière dont les êtres humains communiquent. Les savants fous, les *nerds* aux idées délirantes, même les Ricains insupportables qui balancent leurs chiffres de croissance à tout bout de champ : même ceux-là, je me sens plus proche d'eux que de mes amis d'école d'ingés qui me forcent à aller dans des bars à hipsters à Paris boire des cocktails à douze balles et parler de leurs appartements achetés sur plan. Tu peux pas comprendre ça, Marianne ? J'ai trouvé ma place. J'ai trouvé des amis, j'ai même trouvé une copine, mais le plus important c'est pas ça. J'ai trouvé l'endroit où je peux enfin me réaliser.

Marianne sursaute soudain, se cache les yeux d'une main et en fait tomber sa béquille.

— Quoi ? Qu'est-ce qu'il y a ?

— Je viens de voir un mec en saluer un autre en lui serrant la bite. Tu te rends compte ? Au lieu de lui serrer la main, il lui a *serré la bite* !

Un passant se penche en avant pour ramasser la béquille échouée de Marianne, laissant à Lucas, qui lui n'a pas les yeux camouflés derrière sa paume, le temps d'étudier la pilosité qui prospère entre ses fesses. Il la tend à Lucas en lui lançant d'un air suggestif: « Tu sais, si tu veux utiliser ça comme accessoire, j'ai plein d'idées d'usages créatifs... » Lucas, dont aucun son n'arrive à sortir de sa bouche, agrippe la béquille et la tend à Marianne, qui pouffe en regardant partir le séducteur en sautillant gaiement, laissant bringuebaler les différentes partie de son anatomie.

— Toi et moi, Marianne, on est pareils: on n'a jamais considéré l'entrepreneuriat comme une carrière. C'est une vocation, c'est un style de vie, c'est une manière d'appréhender le monde. Et moi, j'ai envie d'être entouré de gens qui ont la même vision du monde que moi. L'esprit de la Vallée, c'est de se donner les moyens de ses ambitions, rien de plus. C'est une ambition immense et décomplexée. Peut-être qu'elle peut sembler démesurée, mais il faut au moins ça pour faire avancer les choses.

— OK, je te suis sur l'itinéraire de vie et toutes ces merdes à la test de psycho de *ELLE*. Mais bordel, Lucas, tu étais là : ces putains de V.C. à la con, ces entrepreneurs qui se prennent pour les rois du monde, les levées de fonds dans tous les sens. Enfin, tu sais bien que je suis la première à vouloir la même chose que toi mais...

— Ah bon ? En fait, non, je sais pas. Est-ce qu'on veut les mêmes choses ? Marianne tu fonces tellement sans jamais regarder derrière toi qu'on a l'impression que tu es sûre de toi. Mais être sûre de soi parce qu'on ne s'est jamais remis en question et être sûr de soi parce qu'on a pesé le pour et le contre, c'est pas du tout la même chose. Et... Aaaah ! Mes yeux !

— Quoi ? Qu'est-ce que t'as vu ? demande Marianne en se retournant.

— Un petit Chinois lécher les tétons d'une très, très grosse dame.

— Ah oui. Dis donc, j'étais pas au courant que la morphologie humaine pouvait avoir autant de diversité dans la laideur. Je vais vachement moins complexer sur mon gros cul, dorénavant.

— C'est bon Marianne, t'as pas un gros cul.

Marianne marque une pause, l'évocation de la taille de son cul par son associé rappelle à sa mémoire les instants d'ambiguïté nocturnes qui avaient fait poindre en elle les prémices d'une re-sexualisation de Lucas. Lui, à qui la phrase a échappé, a conscience du malaise que provoque toute mention d'une partie du corps de l'autre, *a fortiori* dans ce contexte d'ateliers plaisir-SM et de paires de seins en liberté. Par association d'idées, Marianne repense aux laïus de Tristan.

— Tu parles comme Tristan.

— J'espère bien qu'il trouve pas que t'as un gros cul...

— Non, je veux dire sur le fait que je fonce tout droit et que je sais pas ce que je veux.

— Ah, je savais que c'était un mec bien. Et il te dit quoi d'autre, Tristan ?

— Je sais pas. Que je veux être CEO pour l'image que ça renvoie plus que pour ce que ça implique réellement. Que si je m'épuise à la tâche c'est qu'au fond de moi je veux pas vraiment ça.

— Et... t'en penses quoi ?

— Je sais pas, Lucas. Je suis CEO, mon job c'est pas de réfléchir à mes états d'âme toutes les deux minutes. Je veux monter une boîte, vraiment, je suis ambitieuse, ça me va d'être comme ça... Mais... Cette vie-là, enfin, regarde autour de nous. Ça ne me convient pas.

— Attends Marianne, on n'est pas toujours entourés de godes-ceintures et d'ateliers fessée.

— Certes. Mais c'est un peu symptomatique, tu crois pas ? Ce milieu est juste... juste excessif. Tout se mesure en millions, les levées de fonds, les utilisateurs, les heures passées à bosser...

— Les pénis en liberté ?

— Ha, ha, oui, même l'excès de pénis commence à me peser.

— Je rêve ou t'es en train de dire que c'est OK de monter un business *à taille humaine* ?

— Nan mais voilà le problème : si je vire ma cuti d'entrepreneur, on va me foutre dans la catégorie des petits bras, ceux qui veulent monter des restos bios et des agences de com'.

— Putain Marianne, l'interrompt Lucas en l'attrapant par les épaules, arrête avec tes cases. Tu t'en fous des cases, tu t'en fous de ce que les autres pensent ! Fais ce que tu veux !

— Mais... Lucas, on n'a plus d'appli, plus de fonds, plus rien. Qu'est-ce que tu veux qu'on fasse aujourd'hui ? Tout ce qu'on a construit depuis des mois est en train de s'écrouler. J'ai l'impression que le fait de m'être installée de l'autre côté de l'océan a eu le même effet que si je m'étais installée sur une autre planète, sur laquelle une nouvelle échelle de valeurs aurait remplacé l'existante dans mon esprit. Bordel, je sais plus ce que ça fait de faire une grasse matinée, je sais plus ce que ça fait de ne pas se demander comment payer son équipe à la fin du mois, c'est devenu mon quotidien. Je vais faire comment, moi, si j'ai plus de business plan à faire le dimanche matin ?

Merde, Lucas, le problème ce n'est pas ce que pensent de moi les gens qui me foutent dans des cases, c'est ce que je pense de moi-même. Comment je réagirais si je recevais ma propre carte de visite, et que dessus, il était écrit Marianne Consulting... ou pire, Chef de projets ! J'ai passé des mois entiers pratiquement sans dormir à lutter précisément contre ce genre d'idées Lucas. Alors, si on s'arrête, je fais quoi, maintenant ?

Lucas soupire en retirant ses mains des épaules de Marianne.

— Tu sais, l'échec dans l'entrepreneuriat, c'est plus la norme que l'exception... J'imagine qu'on pourrait recommencer de zéro, si on voulait.

— Tenter, rater... quelle différence ? Qu'est-ce que tu veux, toi ?

— Moi ? Moi... Si tu me dis que tu veux t'accrocher, recommencer, je suis prêt à prendre le pari et recoder notre appli. Mais pas au prix de ta santé mentale ! Si on veut y arriver, il faut qu'on soit tous les deux absolument convaincus du potentiel du projet, sinon ça ne marchera jamais.

— Tout recommencer... Sans argent, sans équipe, sans bureau... Attends, faut encore que je fasse une pause. Non, merci, pas de menottes à fourrure, ça ira, fait Marianne à un marchand ambulant.

Les deux associés, les deux amis d'enfance, se scrutent l'un l'autre. Au milieu d'un océan de fesses grassouillettes qui tremblotent d'excitation, comme autant de jeunes développeurs bedonnants bouillonnant à l'idée de se faire fouetter de travail acharné, de refus d'investisseurs et de clients mécontents.

San Francisco rassemble en son sein chaleureux et ensoleillé les excès les plus absolus, des mœurs sexuelles aux ambitions professionnelles, des prix des loyers à la misère des sans-abri. Autour de Marianne et Lucas, la ville bourdonne de ses contradictions. À côté de grands bonshommes velus et costauds, à la voix grasse et profonde se dandinent de petits maigrichons provocateurs. Des créatures aux looks et aux morphologies étranges rappellent au groupe qu'il existera toujours plus original qu'eux. Certains rêvent de casser la baraque, d'être toujours «contre» ou «plus» ou «différent», d'autres veulent juste expérimenter, par lassitude d'une vie trop calme, ou pour canaliser la frustration accumulée dans leur quotidien. D'un côté on revendique, de l'autre on observe en retrait.

Au milieu des corps et des cris, Marianne et Lucas se demandent ce que c'est, leur tremblement de fesse à eux. Est-ce que c'est le pas franc du révolutionnaire qui change le monde, ou est-ce que c'est celui du contestataire moyen? Est-ce qu'ils sont prêts à exhiber une poitrine, une cambrure, ou à tout lâcher, à libérer les engins, oublier les limites? Et surtout, est-ce qu'ils tremblotent de concert, ou est-ce que parmi tous les chemins possibles dans le labyrinthe de l'ambition, ils vont choisir deux passages différents?

Leur moment de suspens est interrompu par un festivalier qui les interpelle. Son corps bronzé et musclé est recouvert aux endroits les plus inutiles – épaules et genoux, mais pas à l'entrejambe ni à la poitrine – d'un tissu synthétique moulant, violet irisé.

— Ben alors, mes choux, qu'est-ce que vous avez à rester plantés là ?

— On fait un choix difficile, répond Marianne sans cesser de scruter Lucas.

— Ah bon ? Mais mes choux, je sais, moi, ce qu'il faut que vous choisissiez.

Marianne et Lucas échangent un regard amusé – sans avoir besoin de se le dire à voix haute, ils remettent leur décision cruciale entre les mains du destin. Après tout, est-ce que ce n'est pas une succession de hasards et de coups de chance qui les a amenés jusqu'ici ? Ne serait-ce pas l'étoile des entrepreneurs qui aurait envoyé son messager vêtu de lycra pour leur indiquer la marche à suivre ?

— Ah oui ? C'est quoi alors ? demandent-ils de conserve.

— Il faut choisir de me foutre une bonne petite fessée, mes coquins, une bonne petite fessée bien méritée.

REMERCIEMENTS

Merci à ma famille, à Camille, Laetitia, Fred, Anaïs, Alex, Romain, Jeremy, Maeva et Emmanuel pour leurs précieux conseils, et surtout merci à Aymeric.

Merci à Lavinia, Anna et Clément de m'avoir accueillie à Paris, Londres et San Francisco, à mes amis de m'avoir soutenue, à mes collègues de m'avoir inspirée, à tous ceux que j'ai rencontrés en Californie.

Et merci à Florent.

Déjà parus aux éditions Intervalles

LITTÉRATURE

Parano, de Jan Lars Jensen
Douze histoires cul sec, d'Anthony James Perry
D'amour et d'Amazone, d'Anthony Smith
À la recherche d'Hassan, de Terence Ward
Le roman que je n'ai pas écrit, de Linda Grant
1421, l'année où la Chine a découvert l'Amérique, de Gavin Menzies
Twelve Bar Blues, de Patrick Neate
Les mots pour jouir, de Martin Melkonian
Cent un jours à Bagdad, de Åsne Seierstad
Les Ailes de Sarajevo, de Bill Carter
Le Sang des âmes, de Theo Hakola
La fin est mon commencement, de Tiziano Terzani
Soname ou la bonne fortune, de Soname Yangchen
La demoiselle de Sing Sing, d'Idanna Pucci
Collection irraisonnée de préfaces à des livres fétiches, de M. Page et T. B. Reverdy (dir.)
Les petites fées de New York, de Martin Millar
Nos mots croisés, de Daphné Kauffmann
Les Tribulations d'un opiomane (1895-1915), de James S. Lee
Softcore, de Tirdad Zolghadr
Jérusalem, de Patrick Neate
Raga Mala, de Ravi Shankar
Un devin m'a dit, de Tiziano Terzani
Kalix, la loup-garou solitaire, de Martin Millar
Voyage au pays des juges, de Jean-Claude Boulard
Le Cartographe, de Guillaume Jan
Marie et les Autres, d'Axel Léotard
18 % gris, de Zachary Karabashliev
Détrompez-vous !, de Jean Szlamowicz
Rakia, de Theo Hakola
Les Meilleures Intentions du monde, de Gabriel Malika
Christiania ou les enfants de l'utopie, de Laurène Champalle
Comme sur un lit de roses, de Millard Kaufman
Nos années folles, de Linda Grant
Des bambous dans la surface de réparation, de Rowan Simons
Un personnage en Italie, de Daphné Kauffmann
Petit journal de bord des frontières, de Gazmend Kapllani
Voyages sur Chesterfield, de Philippe Coussin-Grudzinski
Là-Batz, le roman d'une île, de Guénaëlle Baily-Daujon
Les Enfants de l'exil, de D. Guelar, V. Jarach, B. Ruiz
Doris Darling, de Ben Elton
Les Menteurs, d'Anthony Neilson
Absolut Barbarian trip, d'Elias Jabre
Comic Strip, d'Arnaud Modat
Bye bye Leningrad, de Ludmila Shtern
Un psychopathe et demi, d'Elias Jabre

Zeus, de Sébastien Gendron
La Nuit des secrets, de David Doma
Je m'appelle Europe, de Gazmend Kapllani
Le Monde selon Cheng, de Stéphane Reynaud
Avec les hommes, de Mikaël Hirsch
Les Heures pâles, de Gabriel Robinson
Sotchi inventaire, de Jean-Claude Taki
Kalix, la malédiction de la loup-garou, de Martin Millar
Qatarina, de Gabriel Malika
La Paix à l'œuvre, de Menahem Begin et Anouar el-Sadate
L'argent a été viré sur votre compte, de Dimitris Sotakis
Traîne-Savane, de Guillaume Jan
Découvrez Mykonos hors saison, de Richard Gaitet
Notre-Dame des Vents, de Mikaël Hirsch
Une bien modeste famille, de Da Ngân
Ça pourrait bien être votre jour de chance, Mileta Prodanović
Baby Baby, de Marianne Groves
Dans la peau d'un monstre (gentil), d'Yves Brunier
Hôtel International, de Rachel Vanier
Un autre tour de manège, de Tiziano Terzani
Physique de la mélancolie, de Guéorgui Gospodinov
La Dernière Page, de Gazmend Kapllani
Libertalia, de Mikaël Hirsch
La Belle Affaire, de Sonia Ristić
Pornification, de Jean-Luc Marret
Explorations sur le terrain du sexe ukrainien, de Oksana Zaboujko
Weiwei-ismes, d'Ai Weiwei
Lettres contre la guerre, de Tiziano Terzani
Au nom d'Alexandre, de Olivier Auroy
Le Muscle du silence, de Rouja Lazarova
À la trace, de Carole Zalberg
La Bataille de Penang, de John Robertson
Ping-Pong, de Park Min-kyu
Les Bonnes Mœurs, de Timothée Gaget
Tante Rosa, de Sevgi Soysal
L'Aimant, de Richard Gaitet
La Porte de la mer, de Youcef Zirem
Quand nous étions des ombres, de Mikaël Hirsch
Nouvelles nouvelles d'Azerbaïdjan, de Michka Assayas
Le Peintre et la voyageuse, de Patricia Almarcegui
La Déesse des marguerites et des boutons d'or, de Martin Millar
Comment devenir propriétaire d'un supermarché sur une île déserte, de Dimitris Sotakis
Boom, Bust, Boom, de Bill Carter
L'homme qui ne voulait pas devenir président, de Julien Leclercq
Bouddha Boudoir, de Elsa Levy
Un roman naturel, de Guéorgui Gospodinov
Le Sourire du Chien, de Dimana Trankova
Dans l'ombre du viaduc, de Alain Delmas

PHOTOGRAPHIE, LIVRES ILLUSTRÉS

Idolâtrisme, de Jocelyn Bain Hogg
Les Enfants d'Abraham, d'Abbas
Tokyo Love Hello, de Chris Steele-Perkins
Toxi Food, de Sabine Pigalle
India notes, de Raghu Rai et Tiziano Terzani
Cinéma, de Xavier Lambours
Roland-Garros, fenêtre sur courts, de Stéphan Gladieu
De la guerre et de l'amour, de Fouad Elkoury
Lettres kazakhes, de Guillaume Reynard et Jean-Claude Taki
Quarante-cinq histoires d'automobiles, de Magnum Photos et Bruno Gibert
Georges Aperghis : Avis de tempête, de Célia Houdart
Le travail révélé, sous la direction de Sophie Prunier-Poulmaire
Festins libertins, de Sabine Pigalle
Protectors, de Sabine Pigalle
California dreaming, de Naomi Harris et Yann Perreau
Under Gods, de Liz Hingley
La lutte continue, de Tomas van Houtryve
Mortem, d'Éric Atlan
Le Chant du Monstre, revue dirigée par Sophie Duc, Angélique Joyau et Céline Pévrier
Gueule d'Hexagone, du collectif Argos
S.A.P.E., d'Héctor Mediavilla
Sotchi pour mémoire, de Guillaume Reynard et Jean-Claude Taki
Terre de foot, d'Aurélien Abels Eber, Romain de La Bouvrie et Thomas de La Bouvrie
Les Bâtisseurs, de Jérôme Cabanel
It's not only Rock'n'Roll, de Catherine Viale et Mathias Moreau
Papa porte une robe, de Piotr Barsony
Éloge des arborinidés, de Julien Nouveau
Spektrum Berlin, de Matthias Heiderich
Flying Blues, d'Emmanuelle Han
Rhizome, de Geraldine Jacques
Eurobus, de Taylor Holland
Parisian Gentleman, d'Hugo Jacomet
Angelo Mariani, le vin de coca et la naissance de la publicité moderne, d'Aymon de Lestrange
Terres à vendre, de Cécile Cazenave
Tribus du monde, d'Anne de Vandière
La Faune parisienne, de Caroline Dartiailh et Laure Didry
Ici prochainement : Sarajevo, de Alban Lécuyer

Achevé d'imprimer en mai 2017
sur les presses de l'imprimerie Corlet
à Condé-sur-Noireau
Imprimé et broché en France
Dépôt légal : deuxième trimestre 2017
N° d'imprimeur : 194509

Couverture : Claire Besset
Composition : Amélie Sepulchre
Révisions : Claire Besset, Pauline Delsalle, Charlotte Petit,
Amélie Sepulchre
Illustration de couverture : Florent Remize
Portrait de l'auteur : François Tancré

ÉDITIONS INTERVALLES

Direction éditoriale : Armand de Saint Sauveur

2 rue Bleue 75009 Paris France
Tel. : +33 1 53 43 83 30
www.editionsintervalles.com